功能材料系列图书

花岗伟晶岩钾长石尾矿制备多晶硅及HIT太阳电池模拟研究

张研研　著

北　京
冶金工业出版社
2025

内容提要

本书主要介绍利用伟晶岩精选钾长石后的尾矿制备多晶硅，并利用测得的硅材料参数进行 HIT 太阳电池模拟研究。具体内容包括：提纯尾矿制备高纯石英粉；熔盐电解高纯石英粉制备多晶硅；根据硅材料测得性能参数，利用 AMPS 和 AFORT 软件模拟 HIT 太阳电池光伏性能，从而发现 HIT 太阳电池的一些变化规律。

本书可供从事资源综合利用的专业人员阅读，也可供从事 HIT 太阳电池模拟和制备的高校和科研院所师生参考。

图书在版编目（CIP）数据

花岗伟晶岩钾长石尾矿制备多晶硅及 HIT 太阳电池模拟研究 / 张研研著．-- 北京：冶金工业出版社，2025．7．-- ISBN 978-7-5240-0233-8

Ⅰ．TN304．1；TM914．4

中国国家版本馆 CIP 数据核字第 2025CA1886 号

花岗伟晶岩钾长石尾矿制备多晶硅及 HIT 太阳电池模拟研究

出版发行 冶金工业出版社　**电　话**（010）64027926
地　址 北京市东城区嵩祝院北巷 39 号　**邮　编** 100009
网　址 www. mip1953. com　**电子信箱** service@ mip1953. com

责任编辑 姜恺宁　美术编辑 吕欣童　版式设计 郑小利
责任校对 葛新霞　责任印制 范天娇
唐山玺诚印务有限公司印刷
2025 年 7 月第 1 版，2025 年 7 月第 1 次印刷
710mm×1000mm　1/16；7 印张；118 千字；102 页
定价 66. 00 元

投稿电话（010）64027932　**投稿信箱** tougao@cnmip. com. cn
营销中心电话（010）64044283
冶金工业出版社天猫旗舰店 yjgycbs. tmall. com
（本书如有印装质量问题，本社营销中心负责退换）

前　　言

太阳电池是实现光电转换的核心元件，是整个光伏产业的核心。硅类太阳电池占市场主导地位，但随着硅类太阳电池的迅速发展，其原料——高品位石英岩矿物消耗量巨大。伟晶岩中的石英属高温石英，纯度高，利用伟晶岩型长石类矿物分选长石后的富含石英尾矿提纯制备高纯石英粉，则可能成为高品位石英岩矿物的替代资源，既拓宽了硅原料的来源渠道，又利于尾矿的综合开发利用。将高纯石英粉进一步提纯制成冶金级硅，工业上常采用碳热还原石英的方法，但此方法能耗较高、对环境有一定的污染。而熔盐电解法能耗低、环境友好，具有一定的发展潜力。利用冶金级硅进一步加工可形成单晶硅，在单晶硅片上可制备太阳电池。在硅类太阳电池中，HIT 太阳电池的最高转换效率已达到 25.6%，是最有发展前景的太阳电池之一，对影响其转换效率的因素及相关机理进一步深入研究具有重要意义。

本书主要内容包括：首先基于伟晶岩精选钾长石后的尾矿，采用“强磁选—酸浸—煅烧—水淬—二次酸浸”的提纯工艺，制备高纯石英粉；以所制备高纯石英粉为原料，优级纯氯化钙为熔盐，利用熔盐电解法，通过调整温度、时间和电压制备冶金级硅，并进行反应机理分析及气体析出动力学分析；委托其他单位基于该冶金级硅制备标准直拉单晶硅片，根据测得单晶硅片性能参数，利用 AMPS 软件和 AFORT 软件模拟研究 HIT 太阳电池，分析 HIT 太阳电池发射层材料、发射层带隙和带尾特征能量等对电池光伏性能的影响规律。

本书内容涉及的研究课题包括教育部科学技术重点项目“ZnO 反

射层上非晶硅叠层薄膜太阳能电池研究”（项目编号：211035）、横向课题“钾长石选矿工艺技术开发研究”。感谢渤海大学物理科学与技术学院对本书出版的大力支持。

由于作者水平有限，书中欠妥之处恳请各位读者不吝赐教。

作　者

2025 年 1 月

目　录

1 绪　论

1.1 太阳电池概述

1.1.1 太阳电池发展概况

能源一直是关系着民众生活和人类社会发展的重要议题。全球人口的快速增长以及生活质量的不断提高是驱动能源需求增长的关键因素。到 2030 年，世界人口预计达到 83 亿，将有 13 亿新增人口需要能源；预计 2030 年的全球 GDP 约为 2011 年的两倍，导致人类对能源的需求不断增加。2000—2010 年，世界一次能源消费每年增长 2.5%，2010—2020 年，每年增长速度为 2.1%，预计在 2020—2030 年每年将增长 1.3%[1]。按照这样的增长速度，仅靠有限的化石资源是远远不够的。截至 2011 年底，世界已探明的石油总储量仅能维持 54 年，天然气仅能维持 64 年，就连地球储量较丰富的煤炭也只能维持两三百年[2]，人类正面临着能源危机。而且，燃烧传统化石能源产生了大量的二氧化碳、二氧化硫以及烟尘，造成大气污染，并进一步导致温室效应，其已成为危害社会发展的元凶[3]。从图 1.1 可以看出，1970—2010 年的二氧化碳排放量增长迅速，预计 2011—2030 年的二氧化碳排放量将增加 26%，平均每年增长 1.2%，这样的增长速度远高于科学家建议的稳定温室气体浓度（450 mg/kg）的增长速度。温室效应的加重，导致地球环境变暖，根据不同的数学模型推算，若人类对化石能源的使用仍不加以节制，则到 22 世纪的地球温度相对于 1990 年，将增长 1.5~5.5 ℃，后果十分严重[4-6]。

为真正解决世界能源危机以及环境污染问题，各国开始进行能源革命，以低碳经济作为标尺，各种清洁的可再生能源——太阳能、风能、水能、地热能、生

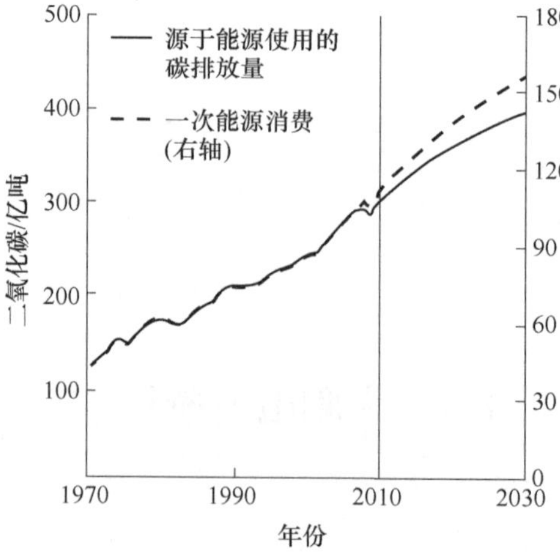

图 1.1　世界一次能源消费与碳排放量

物能以及潮汐能等都受到了前所未有的重视。许多国家制定了相关政策，大力加强对可再生能源以及清洁能源的扶持[7-10]。在众多的可再生能源中，太阳能受到原材料等方面的制约，当前的用量并不高，但其最有发展潜力，统计结果见表 1.1。

表 1.1　现有可再生能源的现状和潜力比较　　(10^{18} J/年)

种　类	当前用量	技术潜力	理论潜力
风能	0.12	640	6000
氢能	9	50	147
太阳能	0.1	>1575	3900000
生物能	50	>276	2900

太阳能具有许多优点，主要包括：

(1) 太阳能储量巨大。太阳向宇宙全方位辐射的总能量流是 4×10^{26} J/s，其中向地球输送的光和热可达 1.0×10^{19} J/min，相当于燃烧 4×10^{8} t 烟煤所产生的能量。一年中太阳辐射到地球表面的总能量相当于人类现有各种能源在同期内所提供能量的上万倍。

(2) 从整体技术效率而言，太阳能的利用有明显的安全保障性。

（3）太阳能属于清洁能源，对太阳能的开发利用几乎对环境没有任何污染。

（4）太阳能的存在具有普遍性。太阳光无处不在，因而地球上绝大多数地区都可利用太阳能[11]。

综上可知，在不远的将来太阳能光伏发电将占据世界能源消费的重要席位。根据欧盟委员会联合研究中心（JRC）的预测，到2030年太阳能光伏发电在世界总电力的供应中将达到10%以上。

实现太阳能转换成电能的核心元件是太阳电池，太阳电池的发展极为迅速。从1954年，美国贝尔实验室研究员制作出效率为6%的硅PN结太阳电池开始，至今单晶硅太阳电池的转换效率已达到25%[12]，效率提升了约4倍。其他太阳电池如HIT（Heterojunction with Intrinsic Thin Layer，本征薄膜异质结）太阳电池、薄膜太阳电池和量子点等太阳电池的研究也取得了一定的进展[13]。

1.1.2 HIT 太阳电池的发展历程

所谓的HIT太阳电池即为带有本征层的非晶硅/单晶硅异质结太阳电池，其具有许多优点，主要包括：

（1）低温工艺及低成本。HIT太阳电池可以完全在低温（<250 ℃）下制备，避免了传统晶硅电池在高温（>900 ℃）下利用扩散工艺来制备PN结。低温降低了对能源的消耗，而且单晶硅片在低温下不容易变形，有利于减少电池所用的单晶硅片厚度，降低电池成本，也有利于降低对单晶硅片质量的要求。在低温下，非晶硅薄膜的带隙、厚度以及掺杂等都更易于精确控制，促使器件的光伏性能更易于优化。

（2）高转换效率。HIT太阳电池的本征非晶硅薄层对单晶硅表面起到了很好的钝化作用，减少了界面缺陷，从而降低了界面复合电流，提高了电池的转换效率。HIT太阳电池的背表面场等结构对提高太阳电池的效率也起到了非常重要的作用。目前，HIT太阳电池的转换效率已达到25.6%，已经超过单晶硅太阳电池的转换效率。

（3）高稳定性。非晶硅薄膜太阳电池的成本很低，但有光致衰退现象。实验表明HIT太阳电池不会出现这种现象，具有较好的光照稳定性。

（4）对称结构。双面HIT太阳电池具有对称结构，有利于降低衬底单晶硅所受到的热应力和机械应力，从而减少衬底厚度，降低电池成本[14]。

HIT 太阳电池的发展速度较快，其中日本三洋（Sanyo）公司是 HIT 太阳电池研究的领军企业。1990 年，日本三洋公司最早开始研究非晶硅（P）/单晶硅（N）异质结太阳能电池。1992 年，Tanaka 等创下了结构为 P-a-Si:H/I-a-Si:H/N-c-Si 太阳电池光电转换效率 18.1%的纪录，并将这种带有本征薄层的结构称为 HIT 结构[15]。1994 年取得突破性进展，在 1 cm^2 面积上制备出转换效率为 20.0%的 HIT 太阳电池。1997 年迅速实现了 HIT 太阳电池的大规模工业化生产，面积超过 100 cm^2 的 HIT 太阳电池的转换效率高达 17.3%，且由 96 片 HIT 太阳电池组成的商业化组件的输出功率为 180 W。2003 年 4 月，三洋已经能够量产 200 W 的 HIT 组件，该组件的平均电池效率高达 19.5%。2007 年，三洋公司研究的 HIT 太阳电池在 100.5 cm^2 面积上实现了 22.3%的转换效率。2009 年 HIT 太阳电池研发阶段的电池单元效率已达到 23%[16]，刷新了全球此类电池的最高纪录；同年，98 μm 厚度、103.3 cm^2 单元面积的 HIT 电池的实验室效率达到 22.8%，短路电流为 38.8 mA/cm^2，填充因子为 0.791，开路电压为 743 mV，这是结晶硅型太阳电池的开路电压在全球首次超过 740 mV。与此同时，许多国家分别在 N 型或 P 型直拉（CZ）或区熔（FZ）单晶硅衬底上利用热丝化学气相沉积（HWCVD）、等离子增强化学气相沉积（PECVD）或甚高频等离子增强化学气相沉积（VHF-PECVD）等方法制备了 HIT 太阳电池，其成果见表 1.2。2010 年 6 月 21 日，日本三洋公司研发出世界上光电转换效率最高的太阳电池组件 HIT-N230，转换效率高达 20.7%。2012 年 4 月 1 日，松下正式收购了三洋 HIT 光伏组件业务。2012 年底在 100 μm 单晶硅片上的 HIT 电池效率已经提高到了 23.9%。2013 年 2 月，三洋公司再一次刷新了 HIT 太阳电池的世界最高纪录，在 98 μm 厚的单晶硅片上制备出了转换效率为 24.7%（V_{oc} = 0.75 V，J_{sc} = 39.5 mA/cm^2，FF = 83.2%）的 HIT 太阳电池，展示了 HIT 电池在提高效率以及降低成本方面的潜能[17]。目前，我国许多部门也注意到了 HIT 电池的优越性，开始着重发展这种电池。中国国电集团公司引进了一条 Jusung 的 Turnkey 线，产能在 80 MW；天合、超日在 863 项目的支持下，分别建立了自己的中试线，正在加紧研发；其他如 811 所等单位，都在自行研发 HIT 技术。但我国对 HIT 太阳电池的机理以及工艺仍有待进一步深入探索，采用计算机模拟的研究方法，可以帮助解决这一问题。

表 1.2 各国 HIT 太阳电池研究成果（2009 年）

研究机构	国家	沉积方式	转换效率
Sanyo（三洋公司）	日本	PECVD	23%（CZ-N）
HMI（亥姆霍兹柏林材料与能源中心）	德国	PECVD	18.5%（FZ-P），19.8%（FZ-N）
NREL（可再生能源实验室）	美国	HWCVD	19.1%（FZ-P），18.7%（CZ-P）
IMT（意米特公司）	瑞士	VHF-PECVD	17.6%（FZ-N），16.3%（FZ-P）
ENEA（新技术、能源和可持续经济发展局）	意大利	PECVD	10.2%（FZ-P）
中国科学院研究生院	中国	HWCVD	17.36%（CZ-P）
中国科学院半导体研究所	中国	PECVD	14.1%（CZ-P）

1.1.3 太阳电池用硅原料

目前，生产晶硅的产业化过程是以高品位的石英岩作为最初级原料，利用碳热还原法制备冶金级硅，通过西门子等方法制备高纯多晶硅，最后利用直拉法或区熔法制备单晶硅。很多种岩石和矿物中都含有硅，但制备冶金级硅的原料通常为高品位的石英岩，这是因为石英岩储量丰富，而且富含二氧化硅，几乎是一种单矿物岩石。而且，碳热还原法要求富含石英的矿物具有一定的粒度范围（30~80 mm）[18]，而正常石英岩的粒度范围为 10~150 mm[19]，只要对石英岩进行破碎、筛分、洗矿等初步的选矿后，就可以作为生产冶金级金属硅的原料，因此高品质的石英岩矿物较适合作为硅类太阳电池的最初级原料。

目前，在光伏市场上硅类太阳电池约占 90%的份额，如图 1.2 所示。随着太阳电池产业的继续扩大，不考虑其他半导体行业，仅光伏产业所消耗的石英量就是巨大的：光伏工业 1 MW 的装机容量，大约需要 27500 t 的冶金级硅以及 65000 t 的石英，截至 2011 年，全球光伏系统装机量约为 23.5 GW，则需要 1.56×10^9 t 的石英。尽管全球高品位的石英岩储量较为丰富，但是按照如此巨大的消耗量，高品位的石英岩势必越来越少，寻找高品位石英岩的替代资源是非常必要的。事实上，许多其他岩石，如伟晶岩、片麻岩和花岗岩中通常都含有大量的石英，利用选矿工艺提纯石英并制成高纯石英粉，则有可能成为高品位石英岩的替代资源。但问题是选矿所提纯的高纯石英粉，其粒度往往过细，不能用来进行碳热还原。随着还原工艺的不断进步，近年来发展起来的熔盐电解法可以以粒度较小的高纯石英粉为原料进行电解还原制备单质硅，这为由深度选矿制备的高纯石英粉成为高品位石英岩的替代资源创造了条件。

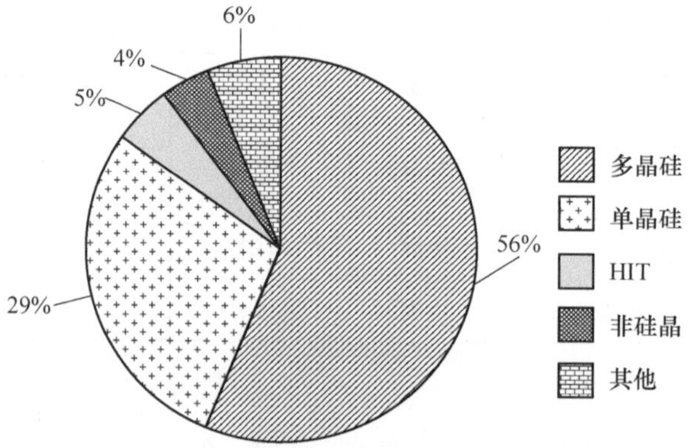

图 1.2　各类太阳电池在光伏市场所占份额

熔盐电解还原与碳热还原相比，具有一定的优点。碳热还原使用的碳质还原剂以木炭性能最好，其化学活性好、有害元素少而且气孔率高，但是木炭的缺点是价格昂贵，据统计生产 1 t 的木炭大约需消耗 5 t 的木材，日积月累则会消耗大片的森林，这将严重破坏生态环境。随着国家对生态环境保护意识的增强，森林资源被禁止砍伐，导致木炭的价格不断上升，采购也变得越来越困难[20]。采用其他还原剂，如石油焦、烟煤等，其性能不及木炭，且会消耗大量的电能，所排放的 CO_2 和粉尘等会对环境造成一定的污染。而熔盐电解制备单质硅的方法不仅降低了对矿物的粒度要求，且具有能耗低、污染小以及设备简单的优点[21]，有望替代传统的碳热还原工艺。

1.2　制备高纯石英粉的方法及研究现状

1.2.1　制备高纯石英粉的方法

破碎是指在外力的作用下，克服物料分子间的内聚力，将大块的物料变成小块的过程。破碎后的产物粒度通常较大。破碎机械的种类较多，按照工作原理和结构特征可分为辊式破碎机、圆锥破碎机、颚式破碎机和冲击式破碎机。对于伟晶岩型矿物的破碎一般采用辊式破碎机或颚式破碎机[22]。

磨矿作业可以说是矿石破碎的继续，是分选前重要的准备工作之一。在选矿过程中，有时矿物在矿石中呈细粒嵌布，为了去除矿石中的脉石，并分开各种有用矿物，须先将矿石磨细至 0.1~0.3 mm，甚至更细。磨矿越细，则越有利于矿物的回收。常用的磨矿设备有球磨机、棒磨机、砾磨机和自磨机。对伟晶岩型矿物的磨矿最好选用砾磨机，其具有能耗小、生产费用低、避免金属污染物料等优点，但是对于一般的选矿，其他的磨矿机通常也能达到要求[23]。

磁选是指利用矿物的磁性差异，使不同种矿物在不均匀的磁场下实现分离的一种选矿方法。磁选机有许多种，按照承载介质的不同，可以分为干式磁选机和湿式磁选机。干式磁选机的选矿过程在空气中进行，用来分选细粒的弱磁性矿石和大块、粗粒的强磁性矿石；湿式磁选机的选矿过程在水或磁性介质中进行，用来分选细粒强磁性和细粒弱磁性矿石。按照磁选机磁场的强弱，又可将其分为强磁场磁选机和弱磁场磁选机。强磁场磁选机主要用来弱磁性矿物和脉石的分离；弱磁场磁选机主要用来强磁性矿物与脉石的分离。石英中若含有铁，一般采用湿式强磁选，具体采用哪种磁选要依石英的具体性质而定。

对于磁性差别不大的矿物难以用磁选进行分离，则可根据不同矿物在水中对水、气泡以及药剂的作用不同，通过药剂的调节，利用浮选法将有用矿物和脉石分离。浮选药剂可分为捕收剂、起泡剂和调整剂。捕收剂可以有选择地作用于矿物表面，并促进矿物疏水；起泡剂可以使矿浆中的空气弥散成小气泡，并保证气泡在矿化和上浮的过程中具有一定的稳定性，最终能形成泡沫层刮出；调整剂通常用来调整捕收剂对矿物表面的作用，增强浮选过程的选择性。石英与长石通常共生，要使二者分离使用较多的方法是采用盐酸和硫酸作为调整剂，石油磺酸盐和脂肪二胺作为捕收剂的无氟浮选法，以及后来出现的无氟无酸浮选工艺，使浮选长石不会对环境造成污染[24-25]。

石英中往往存在着固体、液体或气体的包裹体，这些包裹体的产生主要是因为成矿时由于一些原因使晶体中产生了缺陷和空穴，其他成矿溶液填充进来，随着晶体的生长这些地方被密封起来而形成包裹体。要去除包裹体中的杂质，可对石英进行煅烧（即对矿石高温加热而不使之熔化），然后迅速置于冷水中使石英冷却（即水淬的过程），这样可以使石英裂口，利于把石英内部的气泡和包裹体去除。

酸浸是使用无机酸的水溶液作为浸出剂的浸出工艺，是化学选矿中比较常用的浸出方法之一，通常采用的酸有盐酸、草酸、硫酸以及氢氟酸。石英砂或石英粉中往往含有铁等金属杂质，对其进行酸浸处理，可以使杂质生成易溶解的化合物，从而达到去除杂质的目的。石英经煅烧后所暴露出来的包裹体等杂质，一般也可以通过酸浸的方式去除。

络合法是石英砂在酸浸的过程中，酸与石英砂中的杂质形成络合物溶于水，从而去除杂质的方法。络合物常用的酸有草酸和醋酸[26]。

1.2.2 制备高纯石英粉的研究现状

美国的尤尼明是世界上生产高纯石英砂最为著名的公司，也是最大的石英原料生产商。该公司以高纯石英原矿为原料生产高纯石英砂，其产品中的 SiO_2 含量正由 99.9992%向 99.9994%的方向发展。

近年来，美国 GE 公司也开始生产高纯石英砂，其 SiO_2 含量超过了 99.999%。

苏州大学洪璐[27]以 SiO_2 含量为 99.9%的石英砂为原料，采用“高温掺杂焙烧—混合酸酸浸”的提纯工艺，制备出了与美国尤尼明公司质量接近的高纯石英砂。

谢贞付等[28]对湖南某地煅烧石英砂矿样（纯度在 99.97%以上）采用“浮选—酸浸”的工艺流程制备出了 SiO_2 含量为 99.9936%，铁杂质含量为 62.9×10^{-6}的高纯石英砂。

阎勇等[29]对安徽安庆的石英粉原矿（石英含量在 99% 以上）采用“煅烧—水淬—浮选—酸浸—洗涤—脱水—干燥”的工艺流程制备出了 SiO_2 含量为 99.99%，铁杂质含量为 0.8×10^{-6}的高纯石英粉。

韩京增等[30]利用绢云母石英片岩浮选云母后获得的石英尾砂为原料提纯制备了纯度 99.9%高纯石英粉。研究结果表明，采用熔解-中和-灼烧提纯工艺，可打破 SiO_2 晶格内化学键，可使石英晶格中采用物理法提纯无法去除的气液包裹体类和类质同象类等杂质转移到熔液中，再通过固液分离使其得以有效去除，从而获得高纯石英粉。

上述高纯石英砂或石英粉的制备都以稍低品位或高品位的石英矿为原料，而一些尾矿中也往往富含石英。本书以河北承德某钾长石的伟晶岩型尾矿为原料，提纯制备高纯石英粉。

1.3 还原石英制备工业硅的方法及熔盐电解法的研究进展

1.3.1 还原石英制备工业硅的方法

还原石英制备纯硅的方法主要有热还原法和熔盐电解法，热还原法包含金属、非金属及耦合热还原法，熔盐电解法包括氯化物、氟化物及耦合熔盐电解法。

（1）金属热还原法。利用金属镁与二氧化硅粉末混合加热发生还原反应制备单质硅，其反应式为[31]：

$$SiO_2 + 2Mg = Si + 2MgO \tag{1.1}$$

用盐酸与产物发生反应，其反应式为：

$$MgO + 2HCl = MgCl_2 + H_2O \tag{1.2}$$

经洗涤、过滤、烘干后，剩余物质为硅和未反应彻底的二氧化硅。用氢氟酸与二氧化硅发生反应，生成水和四氟化硅：

$$SiO_2 + 4HF = SiF_4 + 2H_2O \tag{1.3}$$

四氟化硅是易挥发的气体，剩余的棕黑色物质为无定形硅。实验室也可以采用锌和铝替代镁作为还原剂制备单质硅。但金属热还原法由于镁、锌、铝粉的价格较高，经济效益较低，很难实现产业化。

（2）碳热还原法。碳热还原法是指以较高品位的石英岩为原料，采用碳质还原剂，如木炭、石油焦、烟煤等，在矿热炉内发生还原反应，制备冶金级金属硅。这种反应的副产物较多，如 SiO、SiC、CO 等，主要反应为：

$$SiO_2 + 2C = Si + 2CO \tag{1.4}$$

此工艺的主要流程为“配料—熔炼—出炉铸锭—破碎包装—回收硅灰”。目前，工业上生产冶金级硅都采用碳热还原工艺，该工艺技术成熟、成本较低，生产的冶金级硅纯度能达到97%~99%，但消耗的电能较大，对环境也有一定的污染。

（3）耦合热还原法。耦合热还原法即采用两种或多种还原剂还原二氧化硅制备纯硅的方法，多采用金属和非金属耦合还原剂。如在碳热还原法之前工业上采用碳化钙作为还原剂，其实质是碳、钙耦合还原法，其主要反应式为[32]：

$$CaO + C \xlongequal{} Ca + CO \tag{1.5}$$

$$CaO + 3C \xlongequal{} CaC_2 + CO \tag{1.6}$$

$$Ca + 2C \xlongequal{} CaC_2 \tag{1.7}$$

$$SiO_2 + 2Ca \xlongequal{} Si + 2CaO \tag{1.8}$$

$$SiO_2 + 2C \xlongequal{} Si + 2CO \tag{1.9}$$

因碳化钙化学性质活泼，不易保存，后被碳热还原法所取代。

(4) 氟化物电解法。氟化物电解法即采用碱金属的氟化物作为熔盐电解还原二氧化硅制备硅的方法。D. Elwell 等在实验中发现在一些氟化物的共晶熔盐中电解二氧化硅可以制备出纯硅[33]。碱金属氟化物熔盐具有不吸潮、能直接溶解氧化物的优点，但其缺点是熔点高、腐蚀性强，对电极及电解槽材质的要求较高，限制了其广泛应用。

(5) 氯化物电解法。采用氯化物作为熔盐，与氟化物相比，其优点是熔点较低、腐蚀性较小，对电极及电解槽的选择较多；不足之处是易潮解，使用之前需进行预处理除水[34]。

1.3.2 熔盐电解法制备多晶硅的研究进展

1998 年，剑桥大学的 G. Z. Chen 和 D. J. Fray 首先用熔盐电解的方法将固态的二氧化钛还原制备出了钛[35]。随后熔盐电解被广泛应用于对轻金属和稀有金属的还原中，如钠、镁、铝、钙等轻金属和锆、钽、铌等稀有金属[36]。但这些工作只局限在电解还原金属氧化物的范围内，直到 2003 年，日本京都大学的伊藤靖彦教授分别采用 $CaCl_2$ 以及 $CaCl_2$-KCl-LiCl 作为熔盐成功制备了单质硅，并论证了实验的反应机理、杂质来源和影响因素等，并在 2008 年提出利用熔盐电解的方法可以直接制备出太阳能级硅，并在实验中取得了一定的进展。

同年，韩国原子能源研究所采用 LiCl-Li_2O 复合熔盐，使用石墨棒和多孔氧化镁坩埚共同构成阴极体系。多孔坩埚可以使熔盐较快地进入坩埚，并能收集产物。该实验的反应机理是二氧化硅溶解于熔盐中生成中间产物硅酸锂。在石墨阴极附近，氧化锂被还原成了金属锂。在较高温度下，锂对氧的亲和力要强于硅，所以金属锂使二氧化硅在多孔坩埚内还原后又生成氧化锂。上述反应不断地发生，直到坩埚内的二氧化硅全部被还原为止。

武汉大学也进行了相关的研究。陈政等采用二氧化硅粉末为原料，然后将其烧结，与耐腐蚀、高熔点的钨压制成片作为阴极，并采用铂丝作为参比电极，石墨棒作为阳极，氯化钙作为电解熔盐，氩气保护。最初与钨接触的二氧化硅粉末先发生反应，得到部分单质硅，然后单质硅传递电子，使没有反应的二氧化硅发生电解还原反应生成单质硅。在电解电压为2.8 V，电解温度为850 ℃的条件下，进行4 h电解后，获得了0.5 mm厚的硅粉[37]。

昆明大学马文会等以高纯的二氧化硅粉或者废弃的石英光纤为原料，采用氯化钙为熔盐，在氩气保护下，制备出了太阳能级硅[38-41]。

中南大学利用冰晶石充当熔盐电解质，硅铜合金作为阴极，将二氧化硅添入熔盐体系内，然后二氧化硅溶解于熔盐内生成硅酸盐，最后硅酸盐在阴极发生分解，生成的单质硅进入硅铜合金内。该方法的优点是使用合金作为阴极，使硅不会以固态的形式沉积，而且电流密度较大。但是最终获得的是硅合金，需要将单质硅与合金进行分离[42]。

重庆大学廖勇等采用二氧化硅粉体作为原料，氯化钙作为熔盐，并在二氧化硅粉体上铺设了一层金属颗粒，增强了颗粒间的导电性。采用这种方法制备出了多晶硅[43]。

本书将以由钾长石的伟晶岩型富含石英尾矿提纯制备的高纯石英粉为原料，利用熔盐电解法制备冶金级硅，其与碳热还原制备冶金级硅相比，具有低能耗和环境友好的优点。同时也验证了由伟晶岩型石英提纯制备的高纯石英粉可以替代高品位石英岩作为太阳电池的初级原料，为钾长石资源的综合开发利用开辟了新的途径。

1.4 HIT 太阳电池的理论基础与模拟研究现状

1.4.1 HIT 太阳电池的理论基础

1.4.1.1 PN 结的光生伏特效应

太阳电池的工作原理主要利用了PN结的光生伏特效应，即指半导体吸收光能后在PN结上产生电动势的效应。光生伏特效应的主要过程是当光照射到半导体表面时，对于光子能量大于半导体禁带宽度的光子，将在 PN 结附近产生电子-空穴对。当这些光生载流子运动到 PN 结边界附近时，在内建电场的作用下，空穴将被从 N 区拉向 P 区，而电子则从 P 区拉向 N 区，这样在 P 区边界将积累非平衡空穴，而在 N 区边界将积累非平衡电子，于是在 PN 结内部就会产生一个与内建电场方向相反的光生电场，相应的在 PN 结上就产生了光生电动势。在开路状态时，此光生电动势即为在电池外部测得的电压，称为开路电压 V_{oc} 。因为光生载流子部分地补偿了耗尽区的空间电荷，这使 PN 结势垒高度降低，如图 1.3（b）所示，此时的势垒高度为 $q(V_D - V_{oc})$。qV_{oc} 等于 P 区和 N 区的费米能级分开的距离，它是光生载流子平衡 PN 结势垒的最大可能补偿[44]。

当 PN 结短路时流过 PN 结的电流被称为短路电流 I_{sc} ，在 PN 结内部短路电流的方向是从 N 区指向 P 区的。因为此时 PN 结两侧不再有光生载流子聚集，故光生电动势为零，P 区和 N 区的费米能级拉平，PN 结的势垒高度与无光照时相同，如图 1.3（c）所示。

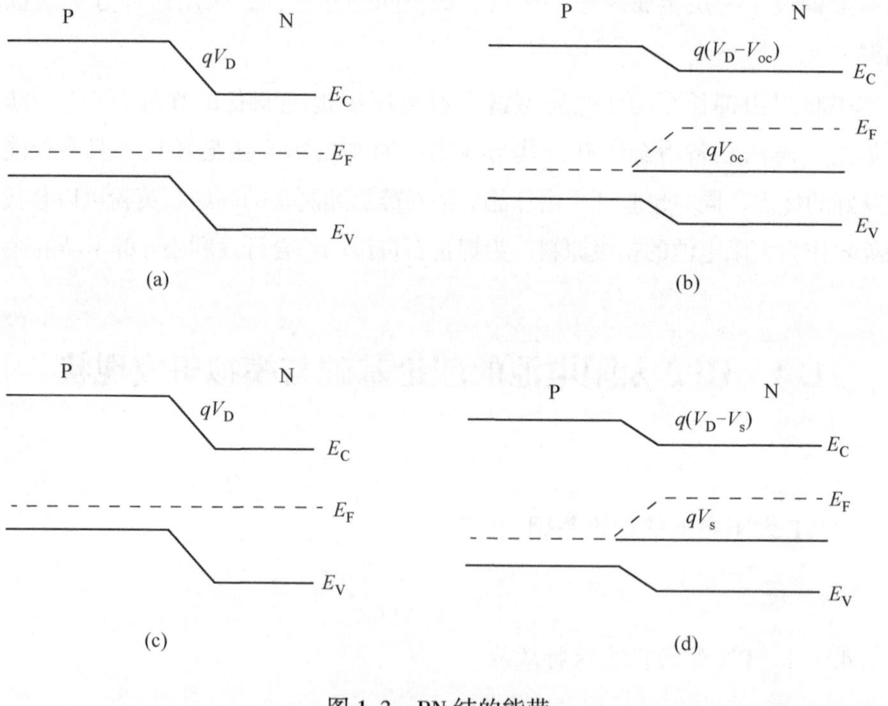

图 1.3 PN 结的能带

（a）无光照平衡 PN 结；（b）光照时 PN 结开路状态；（c）光照时 PN 结短路状态；

（d）光照 PN 结有串联电阻时的情况

当 PN 结外部有串联电阻 R_s 时，一部分光生载流子积累在 PN 结上使势垒降低 qV_s，而另一部分则通过 R_s 产生电流，此时 PN 结势垒降低了 qV_s，也刚好等于 P 区和 N 区费米能级分开的距离，如图 1.3（d）所示[45]。

1.4.1.2 光照下理想 PN 结方程和特性曲线

设受光照的 PN 结中的光生电流为 I_L，在 PN 结内部其方向由 N 区指向 P 区。PN 结的串联电阻为 R_s，设通过它的电流为 I_s，则 R_s 上的压降为

$$V_s = I_s R_s \tag{1.10}$$

则此时 PN 结上的电压降低了 V_s，相应的势垒高度降低了 qV_s，于是引起了正向注入电流

$$I_D = I_0(e^{qV_s/(kT)} - 1) \tag{1.11}$$

从 PN 结内部看此电流的方向是从 P 区流向 N 区，式（1.11）是无光照时的 PN 结方程。由以上分析得 PN 结外部回路得到的电流为

$$I_s = I_L - I_D = I_L - I_0(e^{qV_s/(kT)} - 1) \tag{1.12}$$

式（1.12）是光照下的理想 PN 结方程。式中的 I_0 为 PN 结反向饱和电流，光照下回路中的电流 I_s 等于光生电流 I_L 与无光照时 PN 结的正向注入电流 I_D 之差。此正向注入电流是设想在 PN 结上加正向电压而引起的，称为暗电流或漏电流。R_s 上的压降等于结上电压，可表达为[46]

$$V_s = \frac{kT}{q}\ln\left(\frac{I_L - I_s}{I_0} + 1\right) \tag{1.13}$$

对于负载为零时，即短路情况下的太阳电池，$V_s = 0$，则由式（1.12）得

$$I_s = I_L = I_{sc} \tag{1.14}$$

故短路电流等于光生电流。在开路情况下，$V_s = V_{oc}$，且 $I_s = 0$，则由式（1.13）可得

$$V_{oc} = \frac{kT}{q}\ln\left(\frac{I_{sc}}{I_0} + 1\right) \tag{1.15}$$

式中，V_{oc}是开路电压，是能够获得的最大的光生电压。把式（1.14）代入式（1.12）可得

$$I_s = I_{sc} - I_0(e^{qV_s/(kT)} - 1) \tag{1.16}$$

由式（1.16）可知 I_{sc} 越大而 I_0 越小，则电池的输出电流越大。由式

（1.13）可知，I_0 越小，则电池的输出电压越高。式（1.16）也常写成电流密度的形式

$$J_s = J_{sc} - J_0(e^{qV_s/(kT)} - 1) \tag{1.17}$$

相应的式（1.13）也可写成电流密度的形式[43]

$$V_s = \frac{kT}{q}\ln\left(\frac{J_{sc} - J_s}{J_0} + 1\right) \tag{1.18}$$

与式（1.16）相对应的曲线为太阳电池的伏安特性曲线，如图 1.4 所示。

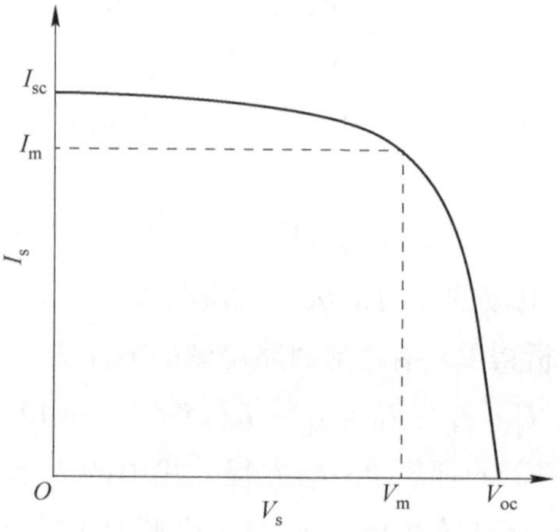

图 1.4　PN 结在光照下的伏安特性曲线

实际的太阳电池除了有串联电阻外，还会有负载电阻和并联电阻，图 1.5 为实际的太阳电池等效电路图。在图中把光照条件下的 PN 结看作由恒流源和理想二极管并联构成。恒流源产生的电流也就相当于太阳电池产生的光生电流 I_L，通过二极管中的电流为暗电流 I_D。图中的 R_s 为串联电阻，流过其中的电流用 I_s 表示；R_{sh} 为并联电阻，流过其中的电流用 I_{sh} 表示；而 R_L 为负载电阻，流过其中的电流用 I 表示，其上的电压用 V 表示。通常串联电阻对太阳电池的输出功率影响很大，而并联电阻 R_{sh} 很大，对太阳电池的影响很小，往往可以忽略，故 $I_s \approx I$，所以 PN 结上的压降约为 $V + IR_s$。由以上分析可知太阳电池的电流-电压方程为

$$I = I_L - I_0\{\exp[q(V + IR_s)/(kT)] - 1\} - \frac{V}{R_{sh}} \tag{1.19}$$

若不考虑串并联电阻，则式（1.19）变为式（1.16）。

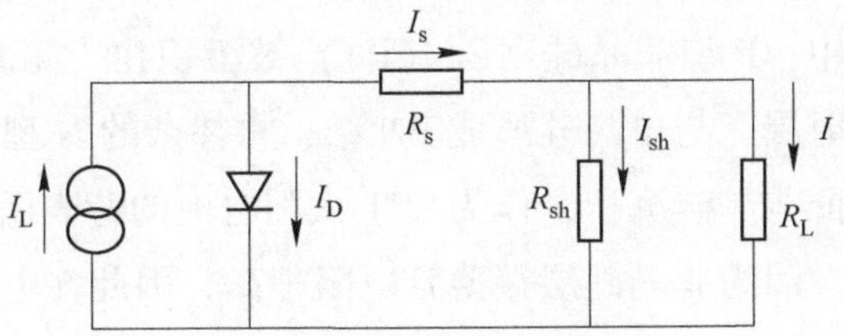

图 1.5 太阳电池等效电路

太阳电池的输出功率为

$$P = I_s V_s = I_{sc} V_s - I_0 V_s (e^{qV_s/(kT)} - 1) \tag{1.20}$$

图 1.4 中 I-V 曲线上的每一点对应的矩形面积就代表该工作点的功率。对式 (1.20) 求导并令导数为零，即 $dP/dV = 0$，可以得到负载上有最大输出功率时的电流 I_m 和电压 V_m。最大的输出电流 I_m 和电压 V_m 的乘积即为太阳电池的最大输出功率 $P_m(P_m = I_m V_m)$。填充因子 FF 则被定义为[47]

$$FF = \frac{I_m V_m}{I_{sc} V_{oc}} \tag{1.21}$$

填充因子的最大值为 1，此为理想情况。填充因子 FF 与开路电压 V_{oc} 之间满足一经验公式[48]

$$FF = \frac{V_{oc} - \frac{kT}{q}\ln\left(\frac{qV_{oc}}{kT} + 0.72\right)}{V_{oc} + \frac{kT}{q}} \tag{1.22}$$

太阳电池的转换效率 η 为

$$\eta = \frac{P_m}{P_{in}} = \frac{I_m V_m}{P_{in}} = \frac{FF V_{oc} I_{sc}}{P_{in}} \tag{1.23}$$

式中，P_{in} 为入射功率。因此太阳电池的转换效率 η、开路电压 V_{oc}、填充因子 FF 和短路电流 I_{sc} 是描述太阳电池光伏性能的重要参数。

1.4.1.3 HIT 太阳电池的结构

HIT 太阳电池的原理与前面介绍的一般太阳电池的原理都是相容的。图 1.6 为三洋公司研发的 HIT 太阳电池的立体结构图[49]。随机织构的 N 型单晶硅衬底具有有效的陷光作用，本征非晶硅（a-Si(i)）薄膜被沉积在单晶硅衬底的两侧，起到界面钝化的作用；P 型非晶硅（a-Si(P)）被沉积在一侧的本征非晶硅之上，作为太阳电池的发射层，与单晶硅形成 PN 结；重掺杂的 N 型非晶硅（a-Si(N)）紧挨着另一侧的本征非晶硅沉积，作为 HIT 太阳电池的背表面场，对少数载流子起到背反射的作用。因为非晶硅层很薄且电阻很高，因此在电池的两端需要沉积透明导电氧化物薄膜（TCO）以加强载流子的输运，以被电极有效收集。

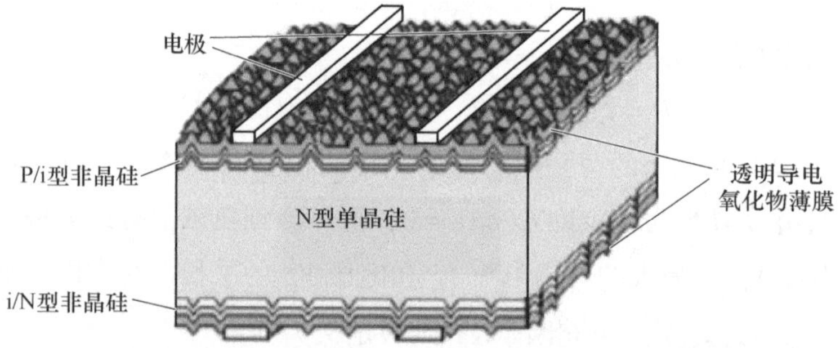

图 1.6 HIT 太阳电池的结构

1.4.2 HIT 太阳电池的模拟研究现状

1.4.2.1 发射层

任丙彦等[50]利用 AFORS-HET 模拟程序模拟分析了 N 型单晶硅衬底上的非晶硅/单晶硅异质结太阳电池。模拟发现 P 型非晶硅的发射层应重掺杂，且尽可能薄，这样有利于增强电池的短波响应，从而保持较高的短路电流，这对提高太阳电池的转换效率是非常有利的。此模拟结果与 Hiroyuki Fujiwara 和 Michio Kondo 在实验中观察到的实验现象相吻合[51]。

L. S. Wang[52]、L. W. Rahal[53]、H. Norberto[54]分别模拟了发射层掺杂浓度对电池效率的影响。结果发现随着发射层掺杂浓度的增加，电池的转换效率增加，但是当掺杂浓度超过一定值时，电池的效率达到饱和，再增加掺杂浓度，电池效率反而减少。

M. Rahmouni 等[55]综合模拟了 P 型非晶硅发射层的带隙、激活能以及与单晶硅之间的价带失配对 HIT 太阳电池性能的影响。模拟说明当价带失配 ΔE_V 不超过 0.51 eV 并且发射层激活能不大于 0.3 eV 时，电池的填充因子是非常高的。随着发射层带隙 E_g 和激活能 E_{ac} 的增加，太阳电池的性能将下降。当价带失配 ΔE_V 及激活能 E_{ac} 都较高时会产生 S-shape 现象。

R. Stangl 等[56]讨论了发射层所用材料对 P 型单晶硅衬底上无背场的非晶硅/单晶硅异质结太阳电池性能的影响。主要讨论了三种材料，分别为外延硅、微晶硅以及非晶硅。通过模拟研究认为：微晶硅（N）/非晶硅（i）发射层比其他两种选择更有优势，其对 TCO 与发射层之间的前接触势垒不敏感，且微晶硅较高的掺杂效率导致在吸收层中产生较强的能带弯曲，这使发射层与吸收层之间的界面复合显著减少。

J. W. Schüttauf 等[57]通过实验讨论了 N 型区熔单晶硅衬底上三种不同材料的发射层对无背场的 HIT 太阳电池的影响。这三种材料分别是 a-Si:H、a-SiC:H 和 μc-Si:H。实验结果表明其制备的非晶硅碳层缺陷较多，得到的结果并不及非晶硅层。在单晶硅上沉积的微晶硅薄膜显示出的是非晶硅相，因此最终仍然选择氢化非晶硅作为 P 型发射层。C. L. Zhong 等[58]的模拟结果也表明非晶硅薄膜更适合作为 HIT 太阳电池的发射层。

H. Norberto 等 [59-61]利用 AMPS 模拟分析了发射层与吸收层间界面缺陷对电池性能的影响。指出 AMPS 不能直接模拟界面缺陷，对于非晶硅与单晶硅界面的缺陷可以用一薄层具有大量隙间缺陷的单晶硅替代。分别模拟了界面缺陷态对有无本征非晶硅层的 HIT 电池性能的影响。结果表明当界面缺陷态增多时，电池的效率降低。当界面缺陷态密度小于 $5\times10^{10}/cm^2$ 时，带有本征层的电池效率能够达到 24%左右，而没有本征层的电池效率最多为 22%。

本书将通过模拟综合讨论发射层带隙以及带尾宽度对电池性能的影响，得出带尾缺陷密度在什么范围内时非晶硅碳作为发射层时电池的性能更好。文献中很少讨论发射层隙间缺陷态密度对电池性能的影响，本书将详细讨论。

1.4.2.2 TCO 与非晶硅界面势垒

赵雷等[62]模拟了前接触 TCO（透明导电氧化物薄膜）的功函数（W_{TCO}）对 TCO/a-Si：H(N)/c-Si(P) 太阳电池的影响。模拟结果表明，当 TCO 的功函数低于 4.1 eV 时，随着功函数的增加太阳电池的光伏性能变化很小；当功函数超过

4.1 eV 时，随着功函数的增加太阳电池的开路电压和填充因子迅速减少，导致太阳电池的效率以相同的方式衰减。

赵雷等[63]还探讨了 P 型单晶硅衬底上双面 HIT 太阳电池背接触 a-Si:H(P^+)/TCO 对太阳电池光伏性能的影响，其中也包含了背接触势垒（即 TCO 的功函数 W_{TCO}）对太阳电池性能的影响。模拟结果表明低的功函数会使太阳电池的性能变差，其机理与前接触的情况类似。较厚的背部 a-Si:H(P^+) 层能克服背接触的负面影响，而且它不会导致电池的性能变差。所以，如果太阳电池不是双面受光，a-Si:H(P^+) 层由于一些制作过程的需要只要保持足够的导电性就可以相对较厚。

E. Centurioni 和 D. Iencinella[64]模拟研究了前接触功函数在 TCO/a-Si:H(P)/a-Si:H(i)/c-Si(N) 中的角色。得出了这样的结论，前接触功函数的值会影响到电池的内建电势。若前接触功函数较高，则可以得到较高的内建电势，故可以得到较高的开路电压和转换效率；相反，若前接触功函数较低，则不仅会产生较低的内建电势，也会引进与 PN 结方向相反的肖特基结，其会降低电池的性能。因此开发高功函数的 TCO 是非常重要的。目前，通过表面清洁的方法以及改变化学组成或掺杂杂质浓度的方法，可以控制 TCO 的功函数。利用改变掺杂杂质浓度的方法可以获得功函数高达 5.4 eV 的 TCO。

张勇等[65]利用 AMPS 软件得出了这样的结论，当 W_{TCO} 较高时，TCO/a-Si:H(P)/a-Si:H(i)/c-Si(N) 电池的光伏性能更好；当不能有效控制 W_{TCO} 时，TCO/μ-Si:H(P)/a-Si:H(i)/c-Si(N) 的电池性能相比之下更为稳定，但是要生长出高质量的微晶硅并不容易，在生长微晶硅的过程中很容易生长成外延硅[66]。

本书模拟了前后接触势垒（与 TCO 功函数密切相关）对 N 型衬底上的 HIT 太阳电池性能的影响，模拟发现背接触势垒越小，即背面 TCO 的功函数越小，尽管背场低掺杂也能达到与高掺杂相同的转换效率。

1.4.2.3　前后接触少子复合速率及吸收层

R. Stangl 等[67]讨论了吸收层少子迁移率对 P/N 型或 N/P 型结构的非晶硅/单晶硅异质结太阳电池性能的影响。在开路条件下，少数载流子的一部分会在金属/c-Si 背接触处复合，但较低的少数载流子迁移率会减少这种影响，导致开路电压增大；相反，在短路的条件下，假设发射层的质量相同，若吸收层质量较差，则较低的 c-Si 少数载流子迁移率会导致较小的短路电流。

F. Daisuke 等[16]首先介绍了吸收层即单晶硅衬底厚度变薄可能存在的问题。第一，薄的单晶硅衬底在热压力或机械压力下容易弯曲。第二，光电流的降低。单晶硅在近红外区的吸收系数较低，在近红外波段入射的光子将会穿透吸收层而不被吸收，导致短路电流降低。第三，开路电压的降低。当单晶硅表面的少数载流子复合速率高于其体内的复合速率时，随着单晶硅厚度的减少，硅表面载流子的复合率增加，则开路电压越低。其次，叙述了 HIT 太阳电池具有一些优点可以克服上述问题。第一，HIT 太阳电池具有对称结构，且所有的制备过程都在 200 ℃或更低的温度下完成。这种结构和工艺使 58 μm 厚的单晶硅衬底上的 HIT 太阳电池没有任何的下沉。这证明了 HIT 结构适合使用更薄的单晶硅衬底。第二，HIT 太阳电池利用本征非晶硅层达到了很好的表面钝化效果，其 a-Si/c-Si 界面将有极低的表面复合速率，使表面的载流子复合速率降低，导致了较高的开路电压。综上，单晶硅厚度减少引起短路电流减少，导致转换效率的降低，但开路电压的升高限制了转换效率降低的幅度，起到了一定的补偿作用[68]。

I. Hirotada 等[69]在 98 μm 厚的单晶硅衬底上制备出了效率为 22.8% 的 HIT 太阳电池。实验发现随着单晶硅衬底厚度的减少，电池的开路电压将增加，短路电流降低，开路电压的增加率低于短路电流的减少率。因此，为进一步提升 HIT 太阳电池的短路电流，光限方面的设计是非常重要的。

胡跃辉等[70]利用 AMPS 软件模拟了有无界面缺陷态以及有无背场时吸收层单晶硅的厚度对非晶硅/单晶硅异质结太阳电池的影响。模拟结果表明 $P\text{-}N\text{-}N^+$ 太阳电池的开路电压随着单晶硅厚度的减少而增加，其与 P-N 结太阳电池的规律相反。开路电压的改进主要是由于背表面场帮助有效地收集了电子，减少了复合，于是增加了开路电压。因此，当减少单晶硅的厚度时，背场的作用更为明显，于是使开路电压增加。

关于讨论 HIT 太阳电池前后接触少子复合速率对电池性能影响的文献相对较少，本书将通过 AMPS 模拟发现并讨论其影响。文献［69］和［70］介绍的实验现象并未从理论上给予充分的解释。本书将利用 AMPS 程序模拟分析讨论单晶硅厚度对电池性能的影响，并对上述的实验现象给予详细的理论解释。在文献［67］中只简单提及如果 HIT 太阳电池的背接触钝化效果良好，则吸收层少数载流子的迁移率越低，电池的开路电压越高。本书将分别讨论当背接触少子复合速率高或低时，吸收层少子迁移率对电池性能的影响，并解释产生这种现象的原因。最后，本书设计了吸收层为多晶硅的异质结太阳电池并与吸收层为单晶硅的太阳电池的性能进行了对比。

1.4.2.4 背表面场

赵雷、邸明东等[71-72]利用AFORS-HET数值模拟软件分别讨论了背场对P型单晶硅衬底上的双面HIT太阳电池光伏性能的影响，得出下列结论：第一，随着背场掺杂浓度的增大，太阳电池的开路电压和填充因子也随之增大，而短路电流基本不发生变化，于是导致电池的转换效率提高；第二，价带失配 ΔE_V 越小，导带失配 ΔE_C 越大，背表面场的效果越好。当材料带隙为1.6 eV时（即使用微晶硅材料），电池的光伏性能最佳；第三，随着微晶硅背场厚度增大，电池的转换效率只微小降低，这主要是因为随着厚度的增大，电池的填充因子减小，导致电池的转换效率降低，但背场厚度并不是影响电池效率的主要因素。从工艺角度来说，背表面场的厚度也不能过小，否则会影响高低结的质量，一般厚度在5 nm左右为宜[73-74]。

上述探讨的是P型单晶硅衬底上HIT太阳电池的背表面场对电池性能的影响。本书将主要探讨N型单晶硅衬底上的HIT太阳电池背表面场的带隙、掺杂浓度以及隙间缺陷态密度对电池性能的影响。

2 伟晶岩型钾长石尾矿制备高纯石英粉

2.1 伟晶岩概述

伟晶岩是由巨粒矿物构成的淡色结晶盐，常呈脉状，且成群产出，由硅酸盐残浆侵入到火成岩或围岩裂隙中逐渐结晶而成。按照矿物组成可分为花岗伟晶岩、霞石正长伟晶岩及辉长伟晶岩；按照所含矿物种类的复杂程度可分为简单伟晶岩和复杂伟晶岩。通常习惯把由长石、白云母和石英构成的伟晶岩称为简单伟晶岩；含有 Li、Be、Nb、Ta 等稀有元素矿化的伟晶岩矿物组成复杂，交代现象明显，称为复杂伟晶岩。

伟晶岩的形成分为后岩浆阶段、气成阶段和热水溶液阶段。后岩浆阶段的岩石由岩浆冷凝结晶形成，温度为 600～800 ℃。此阶段早期高挥发分岩浆侵入到有利构造空间后冷凝结晶，形成主要矿物为长石和石英的伟晶岩边缘带。因围岩温度较低，岩浆温度下降较快，岩石常呈细粒伟晶结构。此阶段晚期，边缘带形成后，岩浆中的挥发组分含量增高，温度下降相对缓慢，岩浆结晶形成外侧带，其主要矿物为石英、白云母、钾微斜长石和斜长石等，常具有细粒或中粒结构。当岩浆成分达到石英与长石共结比时外侧带常见文象结构。随着外侧带和边缘带硅酸盐矿物的不断结晶，挥发组分含量持续增加，成矿介质由岩浆过渡到超临界流体，成岩成矿温度为 400～600 ℃，形成中间带和内核，此阶段为合成阶段。该阶段早期以结晶作用为主，含有的主要矿物为钾长石、石英、钾微斜长石、白云母，在富含稀有元素的条件下，可形成锂辉石、绿柱石和稀土矿物。随着温度的降低，流体成分的改变等条件的变化，依次发生白云母化、钠长石化等多种交代作用形成交代矿物的岩相代。此阶段形成中间带的主要矿物有钾长石、石英、钾微斜长石、钠长石、白云母，在富含稀土、稀有元素条件下，还会产生绿柱石等稀有金属矿物。中间带通常较连续。伟晶岩体的中心部位为内核，主要矿物为巨晶或块状石英。内核是石英矿体的产出部位，常见晶洞，是水晶及黄玉等宝石矿物的成矿部位。当温度下降到 400 ℃以下，成矿介质由超临界流体转变为热水溶液，此阶段称为热水溶液阶段。此阶段中部分矿物在内核和晶洞中结晶，如水晶等。此外，发生重要的交代作用，是锂云母等稀有金属的重要成矿部位。

由成矿过程可看出，伟晶岩中通常富含钾长石和石英，而且石英矿物在高温下形成，常具有较高的纯度。

2.2　钾长石的选矿工艺

本书实验待研究样品是河北承德某低品位钾长石砂矿，此砂矿为花岗伟晶岩，呈肉红色，分布均匀且粒度较小，故可不用颚式破碎机破碎，直接用辊式破碎机对 0.2 kg 的原矿进行破碎，制成样品，并委托辽宁省第四地质大队测试中心对样品的化学成分进行分析，得到的测试结果见表 2.1。

表 2.1　钾长石的化学成分分析

化学成分	K_2O	Na_2O	TFe_2O_3	TiO_2	SiO_2	Al_2O_3
含量/%	4.98	3.37	2.24	0.19	75.81	11.85
化学成分	MgO	P_2O_5	CaO	MnO	LOS（烧失量）	
含量/%	0.23	0.045	0.45	0.047	0.66	

从分析结果可以看出，原矿的 K_2O+Na_2O 含量仅为 8.35%，与陶瓷的标准会有一定的差距，而样品中的 Fe_2O_3、TiO_2 和 SiO_2 的含量较高，故应通过反浮选除掉铁矿物及杂质，然后正浮选提高钾、钠的品位，使得到的精矿达到产品的要求。

关于原矿的矿物组成委托自然资源部东北矿产资源监督检测中心利用 X 射线衍射分析仪完成，其测试结果见表 2.2。

表 2.2 原矿的矿物组成

矿物名称	矿物含量/%
钾长石	41.8
斜长石	25.5
石英	28.8
云母	2.5
蒙脱石	1.4

从表 2.2 可以看出，原矿中的云母和蒙脱石的含量较低。

综合以上对原矿的分析测试结果，并通过反复试验确定了以下的选矿工艺，如图 2.1 所示。首先利用球磨机进行磨矿，磨矿后会产生一些次生矿泥，需要利

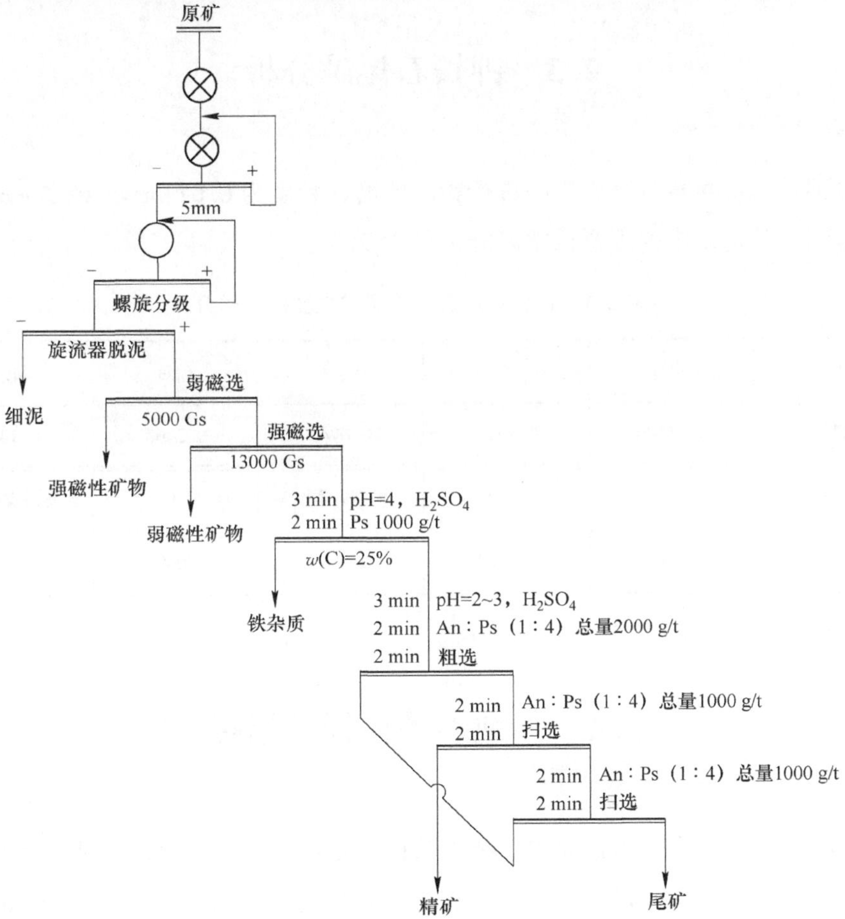

图 2.1 钾长石选矿工艺流程

用旋流器脱泥，在脱泥的过程中可以同时将细粒级铁杂质去除，这样降低了一定的铁含量；然后使用湿式永磁筒式磁选机和立环脉动强磁选机对矿物进行磁选，有效地降低了铁含量，使铁元素指标能够达到市场的要求；最后在酸性 pH = 2 的条件下进行浮选试验，浮选药剂选用十二胺和石油磺酸钠，进行反浮选除铁及“一次粗选，两次扫选”，最终使精矿（钾长石）产率为 58. 13%，占入料原矿的 46. 62 %；浮选尾矿（石英）产率为 38. 9 %，占入料原矿的 31. 2 %；浮选精矿中 K_2O 含量为 7. 51 %，Na_2O 含量为 4. 70 %，Fe_2O_3 含量为 0. 15 %，满足陶瓷和玻璃行业特级品标准。浮选后得到的伟晶岩型钾长石尾矿中 SiO_2 含量为 97. 5200%，因尾矿中的硅含量较高，所以对富含石英尾矿可进行进一步提纯，使其成为高纯石英粉。

2. 3　钾长石尾矿分析

对钾长石富含石英尾矿样品进行粉碎研磨，粒度为 0. 074mm，经多元素分析测定得到石英尾矿中的主要化学成分，见表 2. 3。

表 2. 3　钾长石富含石英尾矿主要化学成分

成分	SiO_2	TFe	Al_2O_3	CaO	MgO
含量/%	97. 5200	0. 2517	0. 0743	0. 2468	0. 1425
成分	TiO_2	K_2O	Na_2O	P_2O_5	LOS（烧失量）
含量/%	0. 0003	0. 0762	0. 0543	0. 0026	1. 6303

2. 4　高纯石英粉提纯指标

在石英粉的各个应用行业中，杂质铁往往是最有害的，因此提纯石英粉通常以降低铁杂质含量为目的[75-77]。高纯石英粉应达到的指标为：$w(SiO_2) \geqslant 99.9\%$，$w(TFe) \leqslant 10^{-5}$[78]。此为一般高纯石英粉的工业指标，因为高纯石英粉目前在工业上还没有成为太阳电池用的初级原料，因此太阳电池用高纯石英粉的相关指标并没有明确规定。但是表 2.3 中的其他杂质也应尽量降低其含量，否则在熔盐电解高纯石英粉制备太阳电池用冶金级硅时，会在硅粉中产生大量的杂质，使硅粉很难达到冶金级的标准。

2.5 提纯实验方法

2.5.1 提纯实验仪器及设备

实验研究所用的仪器及设备见表 2.4。

表 2.4 实验仪器及设备

名 称	型 号	厂 家
恒温干燥箱	DHG-9246A	上海精宏实验设备有限公司
强磁选机	LGS-EX	沈阳隆基电磁有限公司
箱式高温炉	XL	上海升力仪器测试有限公司
制样机	CJ-1	江西恒业矿冶机械制造公司
电子天平	FA 2004	上海舜宇恒平科学仪器有限公司
电子万用炉	1000W，200 V · AC	北京市永光明医疗仪器厂
智能数显多功能水浴锅	DZKW-4，1000W	河南金博仪器制造有限公司
电感耦合等离子体发射光谱仪	Optima 5300 V	上海铸金分析仪器有限公司
抽滤机	自制	辽宁工程技术大学
X 射线衍射仪	岛津-6000 型	北京富众科技发展有限公司
数码显微照相机	BC500USB	东莞市莞城博晟电子有限公司
激光粒度分析仪	WJL-602	上海仪电物理光学仪器有限公司

2.5.2 提纯实验工艺流程

以石英砂或石英粉作为提硅原料，一方面要求其具有很高的纯度；另一方面为了有利于其在电解质熔盐中更好地分散，对其粒度也有较严格要求，即需要超细二氧化硅粉体。

谈高等[79]研究了磨矿粒度为 300 nm 的二氧化硅粉体经煅烧、水淬等工艺，制备高纯超细二氧化硅粉体。因此通过浮选、强磁选等选矿工艺获得的石英砂有必要再经过煅烧、水淬和进一步化学方法处理以制备高纯石英粉体。

钾长石尾矿石英砂经正浮选法脱除钾长石，并对所得尾矿石英砂进一步提纯。经选矿工艺所得二氧化硅，利用岛津-6000 型 X 射线衍射仪对其进行矿物组成分析。X 射线衍射测试条件为：XRD 分析仪型号岛津-6000，电压 40 kV，电流 40 mA；靶型为铜靶，起始角 5°，终止角 80°，积分时间 0.02 s；样品为粉状，组成分析如图 2.2 所示。

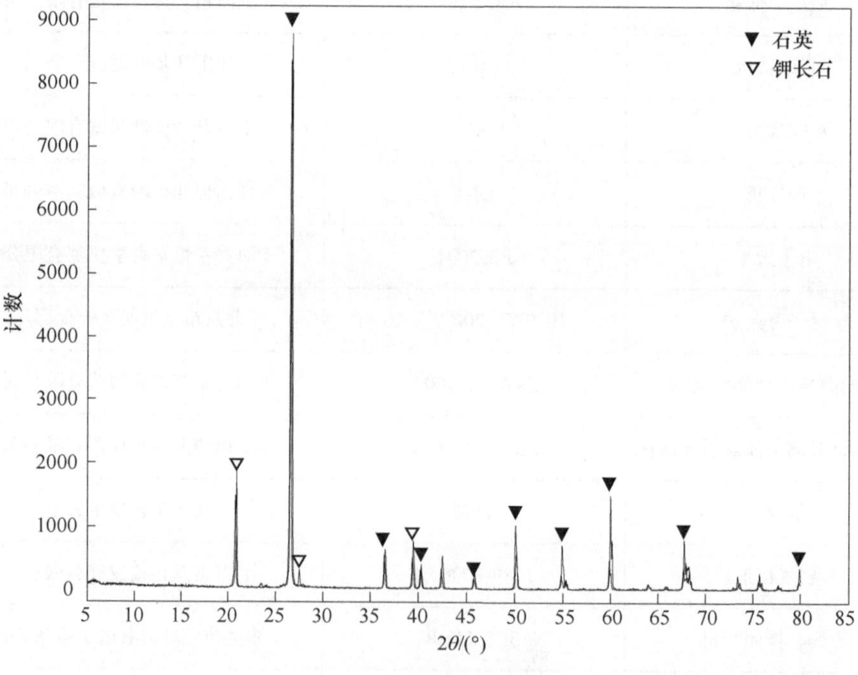

图 2.2 尾矿石英砂 XRD

由图 2.2 可知，尾矿石英砂中仍检测到钾长石。由于该部分钾长石含量极少，通过浮选法脱除十分困难，可通过化学方法加以脱除。对于实验室条件下提纯高纯石英粉可采用图 2.3 所示工艺。

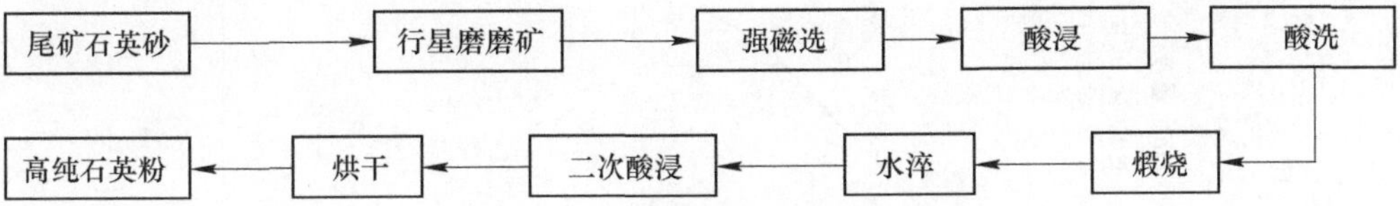

图 2.3 尾矿高纯石英粉提纯工艺

2.6 实验室提纯

2.6.1 石英砂深度磨矿

为使包裹在石英砂微粒中的矿物杂质及其他杂质元素与石英微粒分离，达到石英砂的单体解离，需使该部分杂质暴露出来，以便进一步分离，可通过磨矿使石英砂初步解离，但若直接将石英砂磨矿至-10 μm 粒级，在通过湿法强磁选法脱除磁性杂质时，必然造成石英砂的大量流失，因此磨矿过程中可控制磨矿时间与磨矿粒度，以-38 μm 含量初步作为判断依据。

实验取经选矿提纯后石英含量为 97.52% 的石英砂，其主导粒度为 50～100 μm，含量为 75% 以上。实验采用 QM-3SP4 型立式行星球磨机，罐容积 500 mL，并以玛瑙球为研磨介质（ϕ6mm：ϕ10mm：ϕ20mm = 320：60：6），每罐石英砂量为 100.00 g。采用干法磨矿，分别取磨矿时间为 0.5 h、1.0 h、1.5 h、2.0 h、2.5 h，将所得石英粉体采用实验室标准筛 400 目（38 μm）进行湿法筛分，可得-38 μm 粒级石英粉体。根据石英粉体中-38 μm 含量和磨矿时间可得磨矿曲线，如图 2.4 所示。

由图 2.4 可知，经行星磨磨矿 1.5 h 后，其-38 μm 含量变化率逐渐减小；磨矿 2.0 h 后，-38 μm 含量为 82.50%；继续增加磨矿时间，-38 μm 含量增幅很小，说明再通过行星磨磨矿的物理方法直接磨矿以提高石英粉体微细粒级的比

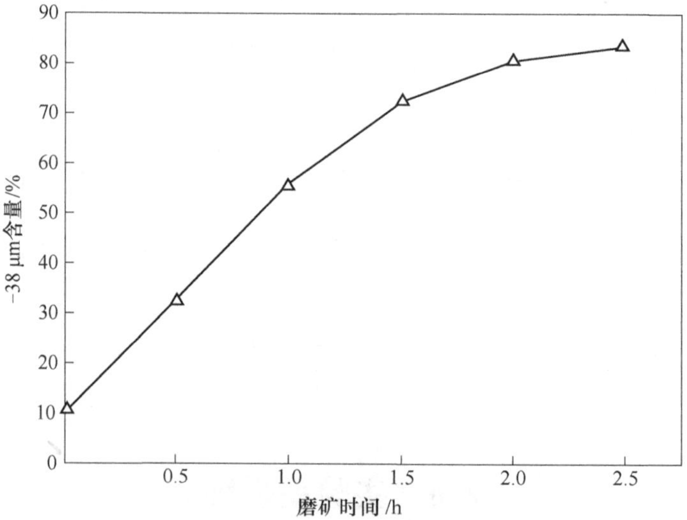

图 2.4　行星磨磨矿粒度随时间的变化

例已经比较困难，有必要通过其他辅助方法提高石英粉体的磨矿效率。

采用文献［80］中超细粉体粒度分布测定条件，即以蒸馏水为分散液、六偏磷酸钠为分散剂（质量浓度 0.5%）、分散时间 2 min 等最佳分散介质条件。采用行星球磨机磨矿 2.0 h，所得石英粉体采用 WJL-602 激光粒度分析仪进行粒度分布测定，如图 2.5 所示。

粒度特征参数

D (4,3)	*D*50	*D* (3,2)	*D*10	*D*25	*D*75	*D*90	S.S.A.
25.15 μm	23.97 μm	8.47 μm	8.12 μm	16.25 μm	33.89 μm	43.13 μm	0.71 m^2/cm^3

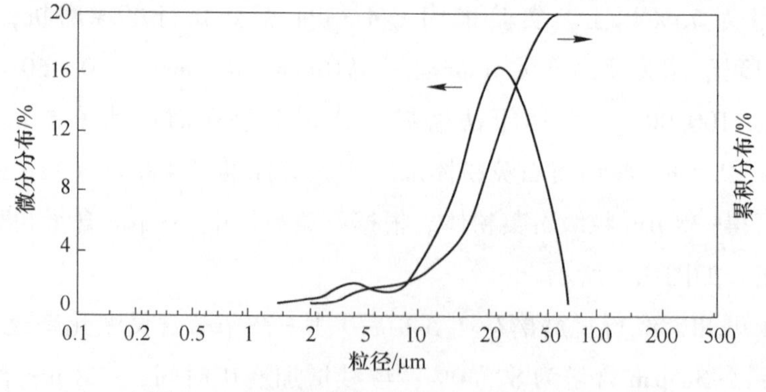

图 2.5　行星磨磨矿 2 h 后二氧化硅的粒度分布

由图 2.5 可知，经行星磨磨矿 2 h 后，粉体二氧化硅 $D50=23.97\ \mu m$。石英粉体粒度分布呈现 2 个粒度分布峰，较低峰值在前，高峰值在后，之间有平缓过渡；左侧峰值相对“低而宽”，代表细粒级石英粉体，平均粒径范围 1.20～8.12 μm，含量约为 10%；位于粒度分布曲线右侧的峰值相对“高而窄”，代表粗粒级石英粉体，平均粒径范围 8.12～43.13 μm，含量约为 80%；且向粗粒级延伸的趋势较向细粒级延伸趋势相对陡峭，即石英粉体粒度变化较快，这可能与石英硬度与研磨介质玛瑙相当有关。

2.6.2 石英粉体湿法强磁选

石英粉体中含有磁性杂质，采用 LGS-EX 立式感应湿式强磁选机脱除磁性矿物杂质，这有利于减少后续酸浸工艺的耗酸量。该设备最高场强可达 1.4 T，但在安全、可靠、持续工作的条件下，最高磁场强度为 1.3 T。根据励磁电流与磁场强度关系，调节激磁电流，在 1.3T（31.26 A）磁场强度下进行磁选实验。由于石英粉体中磁性矿物杂质含量较低，因此对磁性杂质不作产率计算，主要考察磁选尾矿即石英粉体的组成。对于强磁选所得石英粉体进行数码显微观察。采用数码显微镜大致确定染色磁性杂质在石英粉体中的分布，若着色物比例极小或不可见，表明石英粉体强磁选除杂有效，并深入定性、定量分析。其 500 倍下数码显微照片如图 2.6 所示。

由数码显微照片可知，强磁选所得石英粉体中鲜见染色杂质，即强磁选对于石英粉体中磁性矿物的脱除有效，其中 DL1 为微细粒钾长石，其粒度约为 20 μm。利用酸法浸出可进一步除去非磁性铁质杂质。

2.6.3 酸浸

因为石英尾矿中的铁杂质含量最高，所以第一次酸浸主要考虑去除铁杂质，其他杂质的去除将在煅烧、二次酸浸过程中考虑。

2.6.3.1 酸液种类

除氢氟酸外，石英有耐酸的特性，因此为进一步去除钾长石尾矿中的杂质，

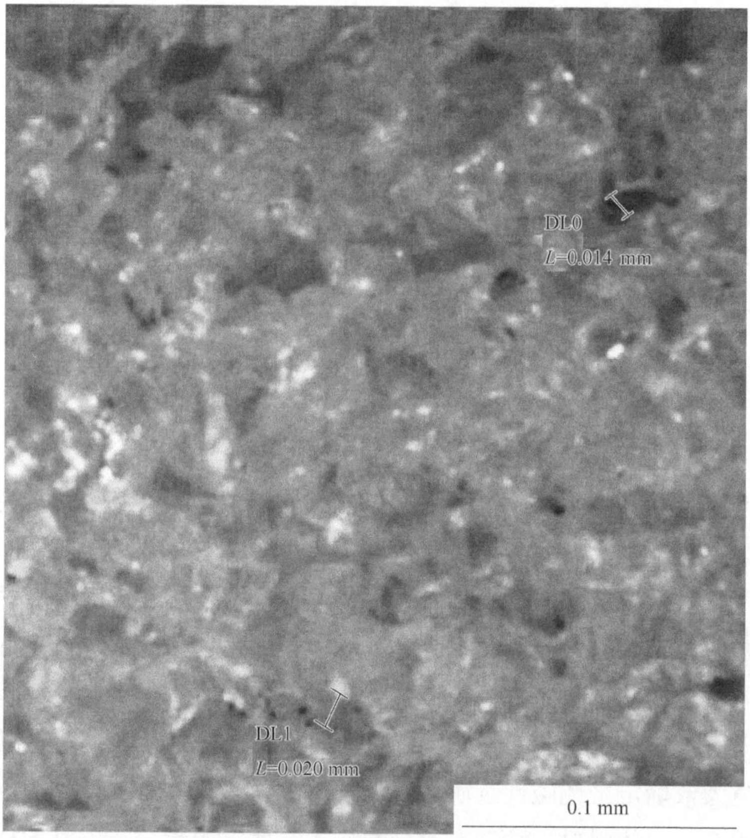

图 2.6　行星磨磨矿–强磁选尾矿石英粉体数码显微照片

可以对其进行酸浸处理，从而使杂质矿物溶于酸后与石英脱离，然后通过固液分离以及净水洗涤就可以去除杂质。对于单酸来说，通常的稀酸如盐酸、硫酸都能一定程度地去除铁等杂质，但是氢氟酸的去除效果相对更好一些[81]。

分别称取 0.2 kg 经去离子水水洗后的钾长石尾矿，随后加入相同浓度、不同化学成分的酸溶液，使酸液与石英粉的液固质量比达到 5∶1。在常温条件下，置于恒温水浴锅中酸浸 6 h，分别采用静置和搅拌两种浸出方式。所得结果见表 2.5。

表 2.5　采用不同种酸的实验结果

处理方式	酸液种类	SiO_2 含量/%	TFe 含量/10^{-6}	TFe 去除率/%
静置	10%草酸	98.98	1567.2	37.74
	10%硫酸	99.13	1419.7	43.60

续表 2.5

处理方式	酸液种类	SiO_2 含量/%	TFe 含量/10^{-6}	TFe 去除率/%
静置	10%盐酸	99.30	1299.1	48.39
	10%混合酸（盐酸和草酸 1∶1）	99.56	984.5	60.89
	10%混合酸（氢氟酸和盐酸 1∶9）	99.59	900.7	64.22
搅拌	10%草酸	99.34	1183.1	53.00
	10%硫酸	99.45	1123.4	55.37
	10%盐酸	99.57	912.3	63.75
	10%混合酸（盐酸和草酸 1∶1）	99.62	832.7	66.92
	10%混合酸（氢氟酸和盐酸 1∶9）	99.66	723.0	71.28

从表 2.5 可以看出，在相同的时间内搅拌浸出得到的结果明显好于静置浸出。10%混合酸（盐酸和氢氟酸按 1∶9 配成）的浸出效果最好，这是因为混合酸的协同效应，使去除杂质的作用更强。其次，盐酸和草酸的混合酸（按 1∶1 配成）也达到了较好的效果。因为混合酸中的氢氟酸对设备的腐蚀较为严重，因此综合上述分析，采用盐酸和草酸的混合酸溶液。

2.6.3.2　酸浓度

称取 0.2 kg 经去离子水水洗后的钾长石尾矿，分别加入不同浓度的盐酸和草酸混合酸溶液，使酸液与石英粉的液固质量比为 5∶1，将其置于常温条件下的恒温水浴锅中酸浸 6 h。所得结果见表 2.6 和图 2.7。

表 2.6 不同浓度混合酸的实验结果

酸浓度/%	5	10	12	15	18
SiO_2 含量/%	99.56	99.62	99.64	99.65	99.65
TFe 含量/10^{-6}	945.1	832.7	786.1	775.3	774.9

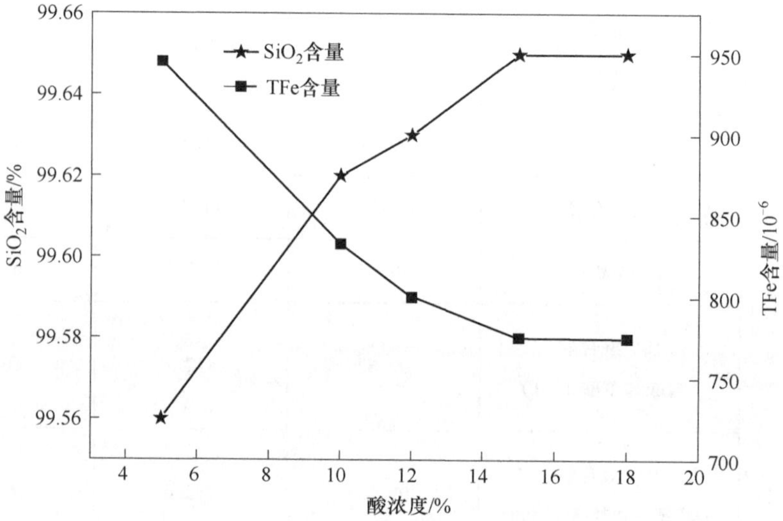

图 2.7 酸浓度对 SiO_2 和 TFe 含量的影响

可知，钾长石尾矿中 SiO_2 的含量随着酸液浓度的升高而升高，而 TFe 的含量则随之降低，故酸液浓度越高则提纯效果越好。然而，当混合酸浓度从 5%增加到 10%时，SiO_2 含量的增加幅度和 TFe 含量的降低幅度都较大，若继续提高混合酸浓度，提纯效果的改善并不明显，而且考虑到随着酸液浓度的升高，酸液挥发性变强、成本变高以及对设备腐蚀加剧等诸多因素，采用 10%的混合酸是最为合理的。

2.6.3.3 酸浸温度

称取 0.2 kg 经去离子水水洗后的钾长石尾矿，加入 10%的盐酸和草酸混合酸溶液进行搅拌浸出，使酸液与石英粉的液固质量比为 5∶1，置于恒温水浴锅中酸浸 6 h。不同酸浸温度时的实验结果见表 2.7 和图 2.8。

表 2.7　不同酸浸温度的实验结果

温度/℃	15	25	40	50	60
SiO_2 含量/%	99.54	99.62	99.65	99.71	99.72
TFe 含量/10^{-6}	995.5	832.7	742.1	629.8	600.3

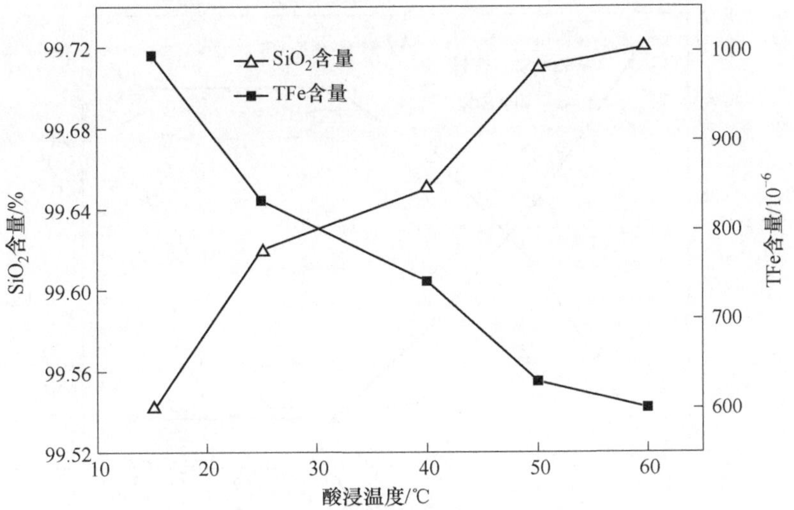

图 2.8　酸浸温度对 SiO_2 和 TFe 含量的影响

可知，在相同的酸液浓度下，石英粉中 SiO_2 的含量随着酸浸温度的升高而升高，TFe 含量则随之不断降低，所以热酸对杂质的溶解度优于冷酸。但当温度从 50 ℃增至 60 ℃时，各项指标的改善相对来说并不十分明显，又从降低能耗的角度考虑，酸浸温度应在 50 ℃左右。

2.6.3.4　酸浸时间

称取 0.2 kg 经去离子水水洗后的钾长石尾矿，加入 10%的盐酸和草酸混合酸溶液，进行搅拌浸出，使酸液与石英粉的液固质量比为 5∶1，置于 50 ℃恒温水浴锅中酸浸。酸浸时间对实验结果的影响见表 2.8 和图 2.9。

表 2.8 不同酸浸时间的实验结果

时间/h	3	4	5	6	7	8
SiO_2 含量/%	99.52	99.61	99.67	99.71	99.71	99.71
TFe 含量/10^{-6}	852.0	761.2	688.4	629.8	629.8	629.7

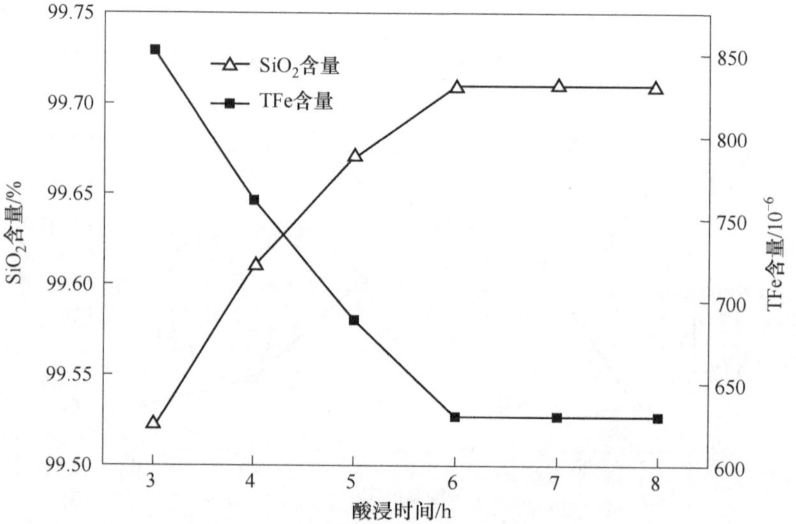

图 2.9 酸浸时间对 SiO_2 和 TFe 含量的影响

可知，酸浸时间越长则除杂效果越好。但酸浸 8 h 与酸浸 6 h 相比，SiO_2 和 TFe 的含量改善已经微乎其微，故采用酸浸 6 h 即可。

2.6.3.5 液固比

称取 0.2 kg 经去离子水水洗后的钾长石尾矿，加入 10%的盐酸和草酸混合酸溶液，进行搅拌浸出置于 50 ℃恒温水浴锅中酸浸 6 h。酸液与石英粉不同液固比进行酸浸的实验结果见表 2.9 和图 2.10。

表 2.9 不同液固比的实验结果

液固比	4 : 1	5 : 1	6 : 1	7 : 1	8 : 1
SiO_2 含量/%	99.64	99.71	99.78	99.79	99.79
TFe 含量/10^{-6}	745.1	629.8	534.3	532.4	531.9

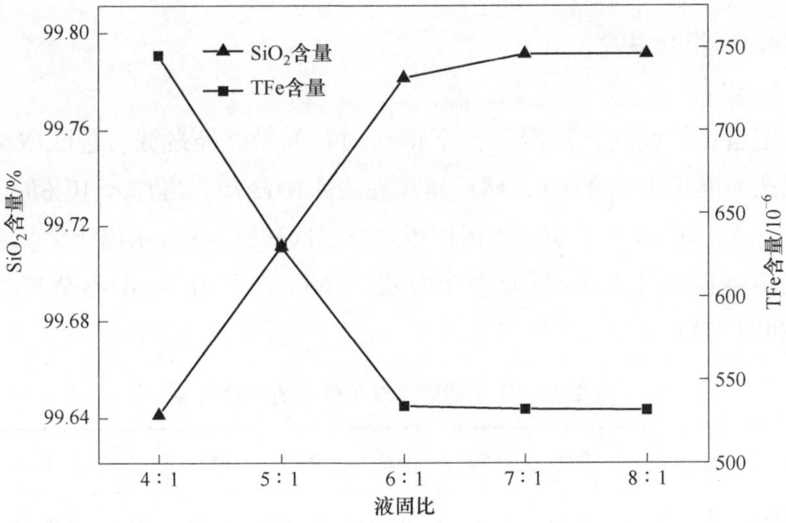

图 2.10 液固比对 SiO_2 和 TFe 含量的影响

可知，在酸液与石英粉的液固比从 4 : 1 增加至 6 : 1 的过程中，SiO_2 的含量明显增大，铁杂质的含量明显减少，但是再增加液固比，二者的含量基本没有变化，所以液固比选择 6 : 1。

综合以上分析可知，确定对钾长石含石英尾矿进行初次酸浸提纯的最优工艺条件为：采用浓度为 10%的盐酸和草酸混合酸溶液（1 : 1 配比）进行搅拌浸出，酸溶液与石英粉液固比为 6 : 1，在 50 ℃的条件下酸浸 6 h。在此工艺条件下，得到的石英粉中 SiO_2 含量为 99.78%，TFe 含量为 5.343×10^{-4}。

2.6.4 煅烧及二次酸浸

石英在升温过程中发生了较大的体积膨胀，经迅速冷却后将产生裂隙，因为杂质与二氧化硅的热膨胀系数不同，裂隙通常会产生在包裹体与石英基体的交界面处，因此首先对石英进行煅烧，可以使杂质充分暴露出来；然后把煅烧过的石英放入冷却水中进行水淬，导致石英基体与杂质处爆碎，这样利于杂质的进一步暴露和破碎[82-83]。杂质暴露后对其进行二次酸浸，可以进一步去除微细粒长石及碳酸盐矿物杂质。下面将讨论煅烧及二次酸浸条件对石英提纯效果的影响。

2.6.4.1　煅烧温度

取一定量在最优初次酸浸条件下得到的石英粉，经过滤、盐酸酸洗及干燥后，在箱式高温炉中煅烧 2 h，然后迅速在冷水中冷却，再加入 10%的 HCl（液固比为 3∶1），在 50 ℃的恒温水浴锅中进行二次酸浸 6 h。采用化学元素分析法测得不同煅烧温度下所得石英粉在酸浸后 Fe、Ca、Mg、Al 等杂质含量，见表 2.10 和图 2.11。

表 2.10　不同煅烧温度条件下的实验结果

煅烧温度/℃		750	800	850	900	950	1000	1050	1100	1150
SiO_2 含量/%		99.83	99.86	99.88	99.92	99.92	99.93	99.94	99.99	99.99
TFe	含量/10^{-6}	425.3	340.2	283.2	128.1	123.7	88.7	57.9	16.9	16.4
Ca		411.9	332.8	288.0	201.6	200.5	179.6	129.1	39.0	38.8
Mg		243.8	181.0	153.4	127.0	126.8	94.0	86.2	16.8	16.5
Al		205.5	188.2	167.1	123.1	122.7	86.7	81.1	15.0	14.6
K		280.2	231.8	185.1	164.4	162.0	145.9	139.0	23.1	22.9
Na		111.3	92.1	88.7	65.0	61.0	56.2	54.6	10.9	10.8

可知，在煅烧温度从 750 ℃升至 900 ℃的过程中，石英粉中的 SiO_2 含量增加，除 P 杂质以外的其他杂质含量则大幅度降低；但当煅烧温度在 900 ℃升至 1050 ℃时，SiO_2 的含量和杂质含量的变化都较小；当煅烧温度升至 1100 ℃时，SiO_2 含量增加较为明显，除 P 杂质以外的其他杂质含量降低幅度也较大。产生

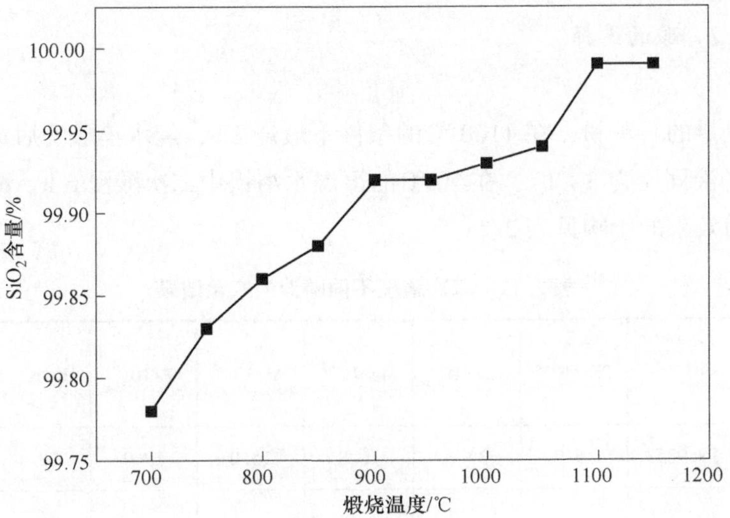

(a)

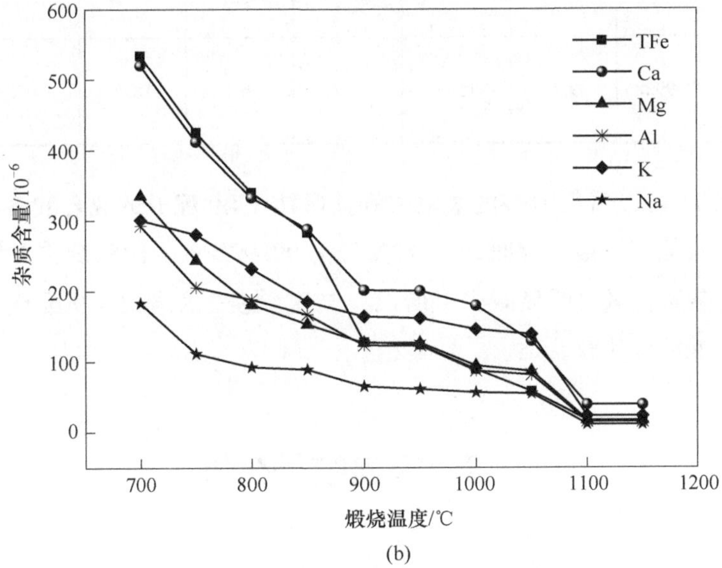

(b)

图 2.11 煅烧温度对 SiO_2（a）和杂质（b）含量的影响

上述现象的原因可能是 900 ℃附近是石英晶型开始转变的温度[84-85]，此时石英晶体的体积膨胀较大，这样会使杂质进一步暴露，有利于去除杂质；当煅烧温度达 1100 ℃时，这种重构式晶型转变彻底完成，此时的除杂效果最好，再升高温度已没有意义。所以，煅烧温度选择 1100 ℃。从表 2.10 还可以看出，盐酸对非金属杂质 P 并不能有效去除。

2.6.4.2　酸的选择

取一定量的石英粉，在 1100 ℃的条件下煅烧 2 h，经水淬酸洗后加入 10%不同的酸液（液固比为 3∶1），在 50 ℃的恒温水浴锅中二次酸浸 6 h。酸液种类对提纯石英粉效果的影响见表 2.11。

表 2.11　二次酸浸不同酸液的实验结果

酸液组成（10%）	SiO_2/%	TFe/10^{-6}	Ca/10^{-6}	Mg/10^{-6}	Al/10^{-6}	P/10^{-6}	K/10^{-6}	Na/10^{-6}
HCl	99.9853	16.9	39.0	16.8	15.0	19.0	23.1	10.9
$HCl+C_2O_4H_2$（1∶1）	99.9863	14.8	38.8	16.6	14.1	19.0	22.6	10.7
HF+HCl（1∶9）	99.9928	9.6	15.2	10.0	4.1	18.9	10.2	3.6

由表 2.11 可以看出 10%的氢氟酸和盐酸按 1∶9 配成的混合酸溶液的实验效果明显优于其他酸溶液，此时 SiO_2 含量升为 99.9928%，而铁杂质含量降至 9.6×10^{-6}，其他杂质含量也明显减少。所以，二次酸浸采用按 1∶9 配成的氢氟酸和盐酸的混合酸溶液比较合适。

2.7　实验结果分析

通过在 1100 ℃下煅烧 2 h，水淬，盐酸与氢氟酸以体积比 1∶9 混合酸浸，较好降低了石英粉中矿物杂质的含量。

2.7.1　煅烧过程的机理分析

对一次除杂所得石英粉进行煅烧，有利于掺杂在微细粒石英粉中的矿物或元素杂质进一步裸露出来。因为在一定温度范围的煅烧过程中，随煅烧温度的升高，伴随发生石英的晶型转变，其不同晶型的密度不同，同时其内部质点排列顺序也会发生变化。因而在晶型转变过程中，伴有体积变化和比热容变化等性质变化。

对于纯的二氧化硅，在煅烧过程中，只存在石英和方石英两种形式，其转变温度为 1050 ℃，且无鳞石英相存在。对于含有杂质的石英粉而言，在 573 ℃时即存在 α-石英转变为 β-石英的晶型转变，这个过程是快速转变过程（即位移式转变，仅原子相对位置发生位移和 Si—O—Si 键角变化，结合键不会断裂）且可逆，体积效应不明显，但转变速度快；在 1000 ℃时由 α-石英转变为 α-鳞石英（这也说明在石英粉中可能存在杂质离子），此温度下转变的理论体积效应为 +16.0%（"+" 表示膨胀），进而转变为方石英，这个过程非常缓慢（即重构式转变，发生化学键的断裂和原子的重新组合，形成新的结构），所需时间亦较长，其体积效应较为显著，比位移式转变大。

石英晶型转变过程的体积效应主要是因为石英粉中嵌布的杂质粒子与石英晶体的膨胀系数不同，在发生较大的体积变化时，可导致在石英晶体和杂质粒子间产生裂隙。在水淬骤冷过程中，将杂质粒子暴露出来，有利于酸浸过程去除石英晶体内部杂质。

在煅烧过程中，随煅烧温度的升高（经过水淬、酸浸过程），所得石英粉体中杂质含量降低；超过 1100 ℃后，其杂质含量变化趋势趋于稳定。这与在有矿物杂质存在的条件下，温度达到 1000 ℃时 α-石英转变为 α-鳞石英过程中较大的体积膨胀有关，但实验温度较其晶型转变理论值 1000 ℃偏高。

2.7.2 酸浸过程的机理分析

经湿法强磁选所得石英粉体中铁的主要存在形式为 Fe_2O_3，其在体积浓度为 15%的混合酸酸浸过程中发生溶解，根据主要化学反应方程式及能斯特公式（绝对温度 323K），可得电位与 pH 值的关系见表 2.12 和图 2.12。

表 2.12 电位与 PH 值的关系

反应方程式	电位与 pH 值关系
$Fe_2O_3+6H^+ \!=\!=\!= 2Fe^{3+}+3H_2O$	$E=-0.24-\frac{1}{3}\lg[Fe^{3+}]$

续表 2.12

反应方程式	电位与 pH 值关系
$Fe^{3+}+e^-=Fe^{2+}$	$E=0.771+0.0641\lg([Fe^{3+}]/[Fe^{2+}])$
$3Fe_2O_3+2H^++2e^-=2Fe_3O_4+3H_2O$	$E=0.221-0.0641pH$
$3Fe_2O_3+6H^++2e^-=2Fe^{2+}+3H_2O$	$E=0.728-0.1923pH-0.0641\lg[Fe^{2+}]$
$Fe_3O_4+8H^++2e^-=3Fe^{2+}+4H_2O$	$E=0.98-0.2564pH-0.0961\lg[Fe^{2+}]$
$2Fe^{3+}+C_2O_4^{2-}=2CO_2+2Fe^{2+}$	—
$Fe^{2+}+C_2O_4^{2-}=FeC_2O_4$	—

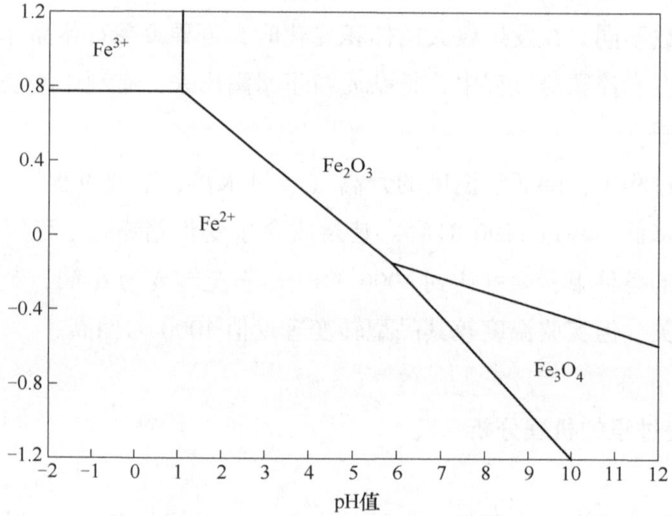

图 2.12　酸浸过程铁杂质溶解的平衡电位与 pH 值的关系（50 ℃，[Me] = 1×10^{-4}）

在该酸浸体系中 50 ℃条件下，Fe^{3+}的水解十分微弱，铁杂质在酸性介质中转化为可溶性 Fe^{2+}的 pH 值区间为 pH<5.95，而 Fe^{3+}仅在高电位（E>0.771 V）、低 pH 值（pH<1.1）条件下存在。酸浸所采用 15%的盐酸与草酸以体积比 1∶1 混合的酸溶液其 pH 值为-0.5，理论上具有浸出铁杂质的可能性，而浸出实验结果也证明了此点。

盐酸与碳酸盐岩（如白云石、方解石、菱铁矿等）反应生成 CO_2 的反应速度快、反应程度彻底。贺承祖、华明琪[86]对砂岩酸化反应机理进行了研究，认为盐酸与铝硅酸盐矿物反应，生成游离 Al^{3+}，并生成水、二氧化硅等物质。其主要化学反应式为：

$$M_vAl_wSi_xO_y(OH)_z + yH^+ \longrightarrow wAl^{3+} + vM^{m+} + xSiO_2 \cdot 2H_2O + (y+z-4x)H_2O \tag{2.1}$$

式中，M 为铝硅酸盐矿物中金属离子（如 Ca、Mg、Fe、K、Na 等）。

R. D. Gdanski 等[87]研究了盐酸与长石、云母、绿泥石、沸石、高岭石等铝硅酸盐矿物的反应动力学，并将反应速度常数的对数值为 50 时所对应的温度 T_{50} 作为该铝硅酸盐矿物在盐酸中保持稳定的上限温度，并由此计算了盐酸与长石对应的平衡常数 $K_{盐酸\text{-}长石}$ 为 1.4。

在热力学上，长石矿物可溶于盐酸；而在动力学上，长石对应 $K_{盐酸}=1.4$，因而长石在酸中相对稳定。经煅烧后，在实验粉体中掺杂的微量 Ca、Mg 等碳酸盐矿物也可充分分解，并在酸浸条件下浸出，其主要反应方程为：

$$MCO_3 \xlongequal{870\ ℃} MO + CO_2\uparrow \tag{2.2}$$

$$MO + 2H^+ \xlongequal{\quad} M^{2+} + H_2O \tag{2.3}$$

$$M^{2+} + C_2O_4^{2-} \xlongequal{\quad} MC_2O_4\downarrow \tag{2.4}$$

$$M^{2+} + 2F^- \xlongequal{\quad} MF_2\downarrow \tag{2.5}$$

生成的MC_2O_4 在强酸性条件下，可再次溶解，即：

$$MC_2O_4 + 2H^+ \xlongequal{\quad} H_2C_2O_4 + M^{2+} \tag{2.6}$$

式中，M 为 Ca、Mg。

本章通过多次实验得出如下结论：

（1）采用“破碎—磨矿—分级—弱磁选—强磁选—浮选”的工艺流程对河北承德某低品位钾长石原矿进行选矿，获得了精矿，并同时得到了 SiO_2 含量为 97.52%的富含石英尾矿。

（2）采用“酸浸—煅烧—水淬—二次酸浸”的提纯工艺，使石英粉中的铁等杂质被有效去除，最终获得了高纯石英粉。

第一次酸浸的优化条件为：10%的盐酸和草酸混合酸溶液（1∶1 配比）进行搅拌浸出，酸溶液与石英粉液固比为 6∶1，在 50 ℃的条件下酸浸时间为 6 h。煅烧及第二次酸浸的优化条件为：1100 ℃条件下煅烧 2 h 后，采用氢氟酸和盐酸按 1∶9 配比的混合酸溶液，酸溶液与石英粉的液固比为 3∶1，酸浸 6 h，然后滤出石英粉，用盐酸酸洗后干燥，可得 SiO_2 含量为 99.9928%、杂质 TFe 含量为 9.6×10^{-6}的高纯石英粉。

3 熔岩电解法制备冶金级多晶硅

3.1 熔盐体系选择

熔盐是非水溶剂，指盐类熔化形成的离子熔体，可以作为电解介质，一般提及的熔盐指的是无机熔盐。熔盐相比水溶液的优越之处主要体现在熔盐的适用温度范围比较广泛，一般为 350~1000 ℃，熔盐具有良好的热稳定性和化学稳定性，对原料有很高的溶解度，热容量较高而蒸汽压较低。因此熔盐广泛应用于电解冶金、能源、材料等领域。当然，熔盐也有缺点，如高温熔盐遇到水后会发生喷溅甚至爆炸，而且多数熔盐的腐蚀性也较强[88-89]。

在选择熔盐前应先了解各种熔盐的性质，如熔点、沸点、导电性和分解电压等。熔盐的选择应首先满足一些基本的要求，如电解质应该经济实用、环保、腐蚀性小以及导电性好等；然后根据具体的实验选择合适的熔盐介质。

根据相关文献报道，熔盐电解法制备单质硅时所使用的熔盐多为碱或碱土金属卤化物[89-90]，这主要是因为它们具有良好的导电性，密度与硅相差较大，蒸汽压低，且易溶于水，有利于与电解所获得的硅分离。常见碱或碱土金属氯化物的性质见表 3.1。

表 3.1 碱或碱土氯化物的性质[91-92]

氯化物	密度/g · cm^{-3}	熔点/℃	沸点/℃	电导率/S · cm^{-1}
NaCl	1.50	801	1413	3.56
$CaCl_2$	2.03	782	1600	2.31
KCl	1.48	770	1500	2.42
LiCl	1.39	605	1350	6.43

续表 3.1

氯化物	密度/g·cm^{-3}	熔点/℃	沸点/℃	电导率/S·cm^{-1}
$MgCl_2$	1.65	712	1412	—
$SrCl_2$	1.96	115	—	—

根据相关文献报道，$CaCl_2$ 熔盐具有电解电流大，在宽电解电压范围内能保持良好的化学稳定性等优点，因此本实验采用 $CaCl_2$ 熔盐作为电解质。

3.2　实验原料及设备

实验所用的主要原料见表 3.2，实验所用的仪器设备见表 3.3。

表 3.2　主要原料

原料名称	化学式	生产厂家	规格
高纯石英粉	SiO_2	自制	小于 38 μm
氯化钙	$CaCl_2$	天津市致远化学试剂有限公司	优级纯
石墨坩埚及石墨棒	C	北京吉兴盛安工贸有限公司	高纯
氩气	Ar	成都泰竽工业气体有限公司	高纯
铜丝	Cu	沈阳天众电工合金有限公司	—
盐酸	HCl	沈阳新兴试剂厂	分析纯

表 3.3　主要仪器设备

仪器名称	型号	生产厂家
行星球磨机	DECO-PBM-V-O.4L	长沙市德科仪器设备有限公司
电阻炉	RJ2	潍坊泰益机械有限公司
直流稳压稳流电源	HS23-ST-DRPS1000	北京中西远大科技有限公司

续表 3.3

仪器名称	型 号	生产厂家
真空干燥箱	CX-704	吴江欧博电热设备有限公司
真空抽滤机	—	自制
温度控制器	TE-48	广州市泰矽电子有限公司
扫描电子显微镜	JSM-6010LA	东莞市协美电子有限公司
电感耦合等离子体发射光谱仪	Optima 7000	珀金埃尔默仪器（上海）有限公司

3.3 实验装置

因为石墨坩埚耐腐蚀且耐高温，因此将高纯石英粉置于多孔石墨坩埚中，用铜丝连接石墨棒插入其中，然后将石墨坩埚与石墨棒固定形成阴极，这样就避免了对高纯石英粉进行压片和烧结的过程[91]。用直径为 1.5 mm 的铜丝与石墨棒连接，然后再用直径为 0.3 mm 的铜丝将其缠绕，构成阳极。因为铜丝具有良好的导电性，石墨棒随着温度的升高导电性也越来越好，而且石墨棒的热传导性能及热稳定性都较好，因而适合作为阳极。具体的实验装置如图 3.1 所示。

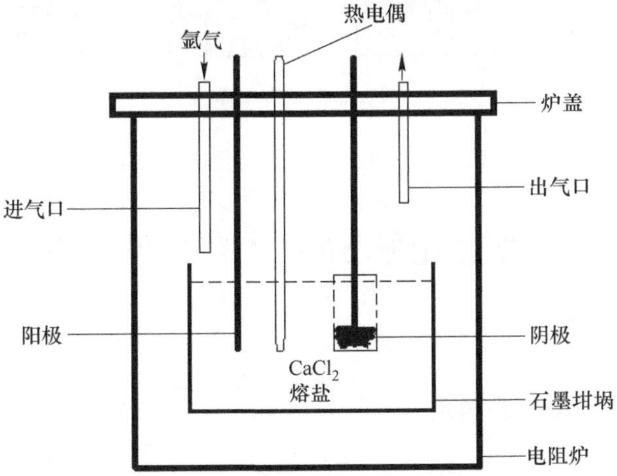

图 3.1 熔盐电解 SiO_2 的实验装置

3.4 实验过程

$CaCl_2$ 常用来作为干燥剂，具有较强的吸水性，而水往往会对熔盐电解实验产生不利的影响，因此应该对 $CaCl_2$ 进行预处理，以去除其中的自由水。将 $CaCl_2$ 置入电解槽的坩埚内，分别在 100 ℃、200 ℃、300 ℃时保温 1 h，其中的自由水可以被有效去除。

为进一步去除 $CaCl_2$ 熔盐中的残余水分，对熔盐进行预电解。使用两根石墨棒分别作为阴极和阳极，和 450 g $CaCl_2$ 熔盐一起放入石墨坩埚中，升高电阻炉温度至 850 ℃，施加 1.6 V 直流电压，预电解 2 h 后，$CaCl_2$ 中的水分被有效去除。虽然使用的是优级纯试剂，但也可能有极少量杂质在阴极析出。

取出预电解电极，将制备好的阴极和阳极插入熔盐中，始终通入氩气保护，避免铜丝、反应物和产物氧化。在阴极和阳极间施加一定的电解电压，每间隔一段时间记录一次电流，4~12 h 后，将电源断开，在氩气保护的前提下，冷却至室温将样品取出。产物中可能会含有未反应的 SiO_2 及部分杂质，需要对其进行氢氟酸酸洗，再用盐酸酸洗，然后用高纯水冲洗数遍后烘干，最后测试产品质量及杂质含量。实验流程如图 3.2 所示。

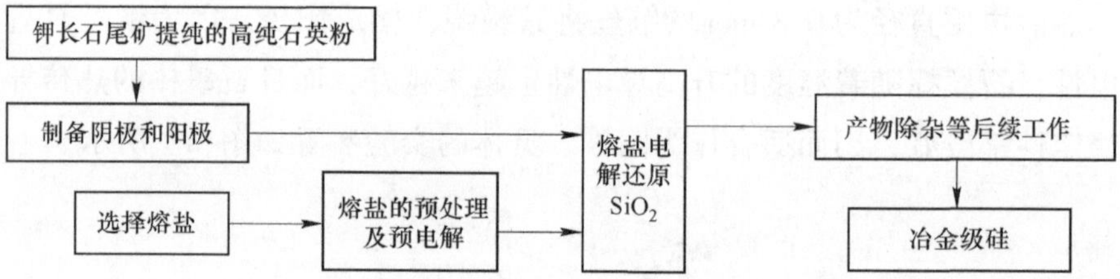

图 3.2　实验流程

3.5 熔盐电解 SiO_2 工艺条件的研究

3.5.1 电解温度的影响及确定

在电解反应过程中，电解温度直接决定着还原反应进行的速度和电解质的黏度、表面张力等物理化学性质参量，因此电解温度是至关重要的。在实际的电解反应中，电解电流并非都用来还原 SiO_2 而生成目的产物单质硅，因此实际产物中硅的质量往往低于产物的理论值，电流效率的高低标志着电解工作质量的好坏，提高电流效率有利于节约大量的电能和提高劳动生产率，因此从电流效率的角度确定合适的电解温度。电流效率的定义为：

$$\eta_I = \frac{W_1}{W_2} = \frac{W_1}{qIt} \tag{3.1}$$

式中，η_I 表示电流效率；W_1 和 W_2 分别表示电极上实际获得的产物质量和相同电量通过时根据法拉第定律应获得的理论产物质量；q 为物质的电化学当量；I 为电解电流；t 为电解时间。在 2.8 V 的电解电压下，电解 10 h，利用收集到的产物质量和记录的电解电流计算出不同温度下的电流效率，其结果如图 3.3 所示。

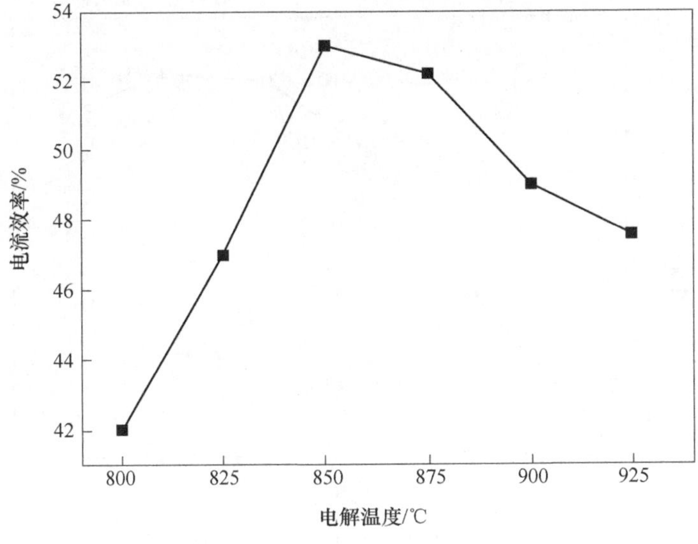

图 3.3　不同电解温度下的电流效率

从图 3.3 可以观察到，最初电流效率随着电解温度的升高而升高，当电解温度达到 850 ℃，电流效率达到最大值，之后随着电解温度的升高电流效率反而降低。产生以上结果的主要原因是当电解温度较低时，电解质的黏度较大，离子的迁移速率较低，导致电流效率较低；随着温度的升高，电解质的黏度降低，阳极产生的气体量增加，使扩散层的厚度变小，这对阳离子的迁移扩散非常有利，使电流效率得到改善；如果电解温度继续升高，虽然电解质的黏度进一步降低，但是氧离子在电解质中的溶解度将增大，这对其在阳极析出是不利的，而且高温加速了电解质的挥发，因此温度升高电流效率反而降低[93]。综合以上分析，电解温度确定采用 850 ℃。

3.5.2　电解时间的影响及确定

保持电解温度为 850 ℃，电解电压为 2.8 V，观察电解时间对电流效率的影响，如图 3.4 所示。从图中可以看出，最初电流效率随着时间的延长不断增加；然后当电解时间增加至 8 h 时，电流效率的值已经较高；再增加电解时间至10 h，电流效率只微小增加；至 12 h 时电流效率反而减小。这主要是因为随着时间的延长，$CaCl_2$ 的挥发增加，不利于阳离子的迁移，于是导致电流效率降低。根据上述实验结果，并从能耗的角度考虑，电解时间最终选择 8 h。

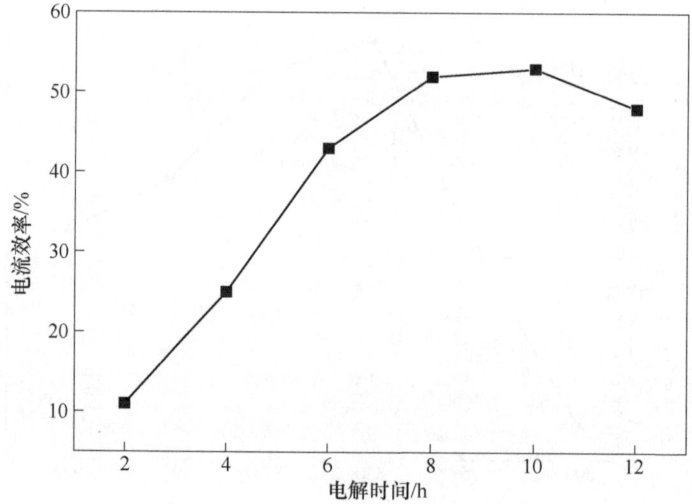

图 3.4　不同电解时间下的电流效率

3.5.3　电解电压的影响及确定

3.5.3.1　分解电压的计算

对于熔盐电解法来说，在阳极和阴极两端所施加的电压应该小于电解质的分解电压而大于氧化物的分解电压，因此应首先计算出电解质 $CaCl_2$ 和氧化物 SiO_2 的分解电压，才能确定出应施加的电解电压范围。

物质的理论分解电压即为使电解正常进行所需施加的最小电压，其应满足下式：

$$\Delta_r G_m^{\ominus}(T) = -nFE_T^{\ominus} \tag{3.2}$$

式（3.2）表示化合物分解需要的电能在数值上应该等于其在恒定压强下所生成的吉布斯自由能，而符号刚好相反。式中，$\Delta_r G_m^{\ominus}(T)$ 表示发生反应的标准吉布斯自由能改变量；$E_T^{\ominus}$ 表示理论分解电压；n 表示反应过程中得失的电子数；F 是值为 96485 C/mol 的法拉第常数[24]。由式（3.2）可知，要计算出 $E_T^{\ominus}$，首先应计算出 $\Delta_r G_m^{\ominus}(T)$。

根据吉布斯-亥姆霍兹公式：

$$\Delta_r G_m^{\ominus}(T) = \Delta_r H_m^{\ominus}(T) - T\Delta_r S_m^{\ominus}(T) \tag{3.3}$$

式中

$$\Delta_r H_m^{\ominus}(T) = \Delta_r H_m^{\ominus}(298.15\ \mathrm{K}) + \int_{298.15}^{T} \Delta C_p \mathrm{d}T \tag{3.4}$$

$$\Delta_r S_m^{\ominus}(T) = \Delta_r S_m^{\ominus}(298.15\ \mathrm{K}) + \int_{298.15}^{T} \frac{\Delta C_p}{T} \mathrm{d}T \tag{3.5}$$

将式（3.4）和式（3.5）代入式（3.3）得

$$\Delta_r G_m^{\ominus}(T) = \Delta_r H_m^{\ominus}(298.15\ \mathrm{K}) - T\Delta_r S_m^{\ominus}(298.15\ \mathrm{K}) + \int_{298.15}^{T} \Delta C_p \mathrm{d}T - T\int_{298.15}^{T} \frac{\Delta C_p}{T} \mathrm{d}T \tag{3.6}$$

式（3.6）中的 $\Delta_r H_m^{\ominus}(298.15\ \mathrm{K})$、$\Delta_r S_m^{\ominus}(298.15\ \mathrm{K})$ 以及 ΔC_p 的计算公式如下

$$\Delta_r H_m^{\ominus}(298.15\ \mathrm{K}) = \sum v_i \Delta_f H_m^{\ominus}(298.15\ \mathrm{K}) \tag{3.7}$$

$$\Delta_r S_m^{\ominus}(298.15\ \mathrm{K}) = \sum v_i S_m^{\ominus}(298.15\ \mathrm{K}) \tag{3.8}$$

$$C_p = a + b \times 10^{-3} T + c \times 10^{5} T^{-2} \tag{3.9}$$

$$\Delta C_p = \sum v_i C_{p,i} \tag{3.10}$$

上面各式中的 v_i 表示化学反应方程式中的化学计量数。将式（3.9）和式（3.10）代入式（3.6）得

$$\Delta_r G_m^{\ominus}(T) = \Delta_r H_m^{\ominus}(298.15\ \mathrm{K}) - T\Delta_r S_m^{\ominus}(298.15\ \mathrm{K}) + \left\{\Delta a[T(1 - \ln T + \ln 298.15) - 298.15] - \frac{\Delta b \times 10^{-3}(T - 298.15)^2}{2} - \frac{\Delta c \times 10^5}{2}\left(\frac{\sqrt{T}}{298.15} - \frac{1}{\sqrt{T}}\right)^2\right\} \tag{3.11}$$

为计算方便，令

$$N_1 = T(1 - \ln T + \ln 298.15) - 298.15 \tag{3.12}$$

$$N_2 = \frac{(T - 298.15)^2 \times 10^{-3}}{2} \tag{3.13}$$

$$N_3 = \frac{1}{2}\left(\frac{\sqrt{T}}{298.15} - \frac{1}{\sqrt{T}}\right)^2 \times 10^5 \tag{3.14}$$

于是式（3.11）变为

$$\Delta_r G_m^\ominus(T) = \Delta_r H_m^\ominus(298.15\ \text{K}) - T\Delta_r S_m^\ominus(298.15\ \text{K}) + (\Delta a N_1 - \Delta b N_2 - \Delta c N_3) \tag{3.15}$$

由热力学数据表查阅得到相关物质的热力学数据，见表 3.4。

表 3.4　相关热力学数据[94-95]

温度/K	$CaCl_2$	Cl_2	Ca	Si	O_2	SiO_2	C	CO	CO_2
a/J · (mol · K)$^{-1}$	71.88	36.90	24.13	22.80	36.16	55.98	17.15	26.54	26.75
$b/10^{-3}$J · mol^{-1} · K^{-2}	12.72	0.25	−3.36	3.85	0.85	15.40	4.27	7.68	42.26
$c/10^5$J · mol^{-1} · K	−2.72	−2.85	0.33	−3.52	−4.31	−14.81	−8.79	−1.17	−14.25
$\Delta_f H_m^\ominus$ /kJ · mol^{-1}	−795.0	0	0	0	0	−84.72	0	−110.53	−393.514
$S_m^\ominus$ /J · (mol · K)$^{-1}$	104.60	222.95	41.63	18.83	205.03	46.86	5.69	197.91	213.64

确定相关物质的化学反应。熔盐电解质 $CaCl_2$ 的分解反应为：

$$CaCl_2 = Ca + Cl_2 \tag{3.16}$$

电解槽中阴极的反应为：

$$SiO_2 + 4e^- = Si + 2O^{2-} \tag{3.17}$$

阳极的反应为：

$$2O^{2-} - 4e^- = O_2 \tag{3.18}$$

或

$$O^{2-} + C - 2e^- = CO \tag{3.19}$$

或

$$2O^{2-} + C - 4e^- = CO_2 \tag{3.20}$$

总反应为:

$$SiO_2 = Si + O_2 \tag{3.21}$$

或

$$SiO_2 + 2C = Si + 2CO \tag{3.22}$$

或

$$SiO_2 + C = Si + CO_2 \tag{3.23}$$

根据表 3.4 给出的数据，利用式（3.15）可以计算出上述各化学反应的吉布斯自由能变 $\Delta_r G_m^{\ominus}(T)$，再利用式（3.2）可以计算出相关物质的理论分解电压 $E_T^{\ominus}$。化学反应式（3.16）、式（3.21）~式（3.23）的吉布斯自由能变 $\Delta_r G_m^{\ominus}(T)$ 和理论分解电压 $E_T^{\ominus}$ 的计算结果分别见表 3.5~表 3.8。

表 3.5 不同温度下 $CaCl_2$ 的 $\Delta_r G_m^{\ominus}(T)$ 及 $E_T^{\ominus}$

温度/K	1073	1123	1173	1223
$\Delta_r G_m^{\ominus}(T)$/kJ · mol^{-1}	-616.84	-609.82	-602.81	-595.80
$E_T^{\ominus}$/V	3.20	3.16	3.12	3.09

表 3.6 不同温度下反应式（3.21）对应的 $\Delta_r G_m^{\ominus}(T)$ 及 $E_T^{\ominus}$

温度/K	1073	1123	1173	1223
$\Delta_r G_m^{\ominus}(T)$/kJ · mol^{-1}	-675.46	-664.49	-653.52	-642.55
$E_T^{\ominus}$/V	1.75	1.72	1.69	1.66

表 3.7 不同温度下反应式（3.22）对应的 $\Delta_r G_m^{\ominus}(T)$ 及 $E_T^{\ominus}$

温度/K	1073	1123	1173	1223
$\Delta_r G_m^{\ominus}(T)$/kJ · mol^{-1}	262.77	242.87	222.97	203.08
$E_T^{\ominus}$/V	0.68	0.63	0.58	0.53

表 3.8　不同温度下反应式（3.23）对应的 $\Delta_r G_m^{\ominus}(T)$ 及 $E_T^{\ominus}$

温度/K	1073	1123	1173	1223
$\Delta_r G_m^{\ominus}(T)$/kJ · mol^{-1}	278.86	267.75	256.63	245.52
$E_T^{\ominus}$/V	0.72	0.69	0.66	0.64

从表 3.4~表 3.8 可以看出，$CaCl_2$ 和 SiO_2 的理论分解电压随着温度的升高只微小降低，即温度对分解电压的影响很小。在 850 ℃下，$CaCl_2$ 的分解电压为 3.2 V，而 SiO_2 的分解电压为 1.75 V，因电解电压应大于 SiO_2 的理论分解电压而小于 $CaCl_2$ 的分解电压，因此综上分析，电解电压的范围初步选择为 1.75~3.2 V。又考虑到阳极上有气泡产生，会使电极表面的电阻增加，从而产生过电压，因而电解电压不能太小；而电解电压过大，可能会产生副反应，因此最终确定电解电压的范围为 2.5~3.0 V。

3.5.3.2　电解电压的影响

电解电压分别选择 2.6 V、2.8 V 和 3.0 V，观察实验结果并分析电解电压对实验结果的影响。

电解 8 h 后，取出阴极上电解得到的产物，对其首先用氢氟酸酸洗，把未反应的 SiO_2 去除，再用盐酸酸洗，去除 Fe、Al 等杂质和 $CaCO_3$ 等中间产物，高纯水冲洗、过滤、干燥，最终得到的电解产物的质量见表 3.9。

表 3.9　不同电压下电解产物的质量

电解电压/V	2.6	2.8	3.0
产物质量/g	3	5.5	5.9

在电解电压为 2.6 V 时得到的产物颜色偏白，从表 3.9 的实验结果可以看出，经酸洗等处理后获得的产物质量较少，这说明因为电解电压较低，电解速度较慢，石英粉并未电解完全，所以当产物经氢氟酸酸洗后，SiO_2 溶解，使剩余的产物质量变少；当电解电压为 2.8 V 和 3.0 V 时，得到的样品颜色为棕黑色，经酸处理后，得到的最终产物质量较多，说明 SiO_2 电解得较为完全。利用电感耦

合等离子体发射光谱仪测得电解电压为 2.8 V 时产物中元素的含量，见表 3.10。

表 3.10 杂质元素含量

元素	Fe	Al	Ca	Mg	Na	K	P
含量/10^{-6}	25.3	4.1	2817.5	10.3	3.8	10.4	21.7

3.5.4 酸浸

从表 3.10 可以看出，产物经氢氟酸酸洗和盐酸酸洗处理后，其中的杂质 Fe 和 Ca 的含量仍稍高，因此应该进行进一步的酸浸处理以降低这些杂质的含量。保持酸浸温度为 50 ℃，酸与样品的液固比为 5：1，酸浸时间 3 h，采用不同种酸酸浸所得的实验结果见表 3.11。

表 3.11 采用不同种酸酸浸后的杂质含量

杂质含量/10^{-6}	Fe	Al	Ca	Mg	Na	K	P
5%氢氟酸和 5%盐酸（1：9）	11.3	2.5	312.8	6.3	1.8	5.4	18.4
5%氢氟酸和 5%硝酸（1：9）	9.4	1.8	216.7	<1	<1	<1	7.6
5%硝酸和 5%盐酸（1：1）	9.8	2.1	199.3	1.4	1.1	1.6	9.8

分析表 3.11 并与表 3.12 对比可知，利用按 1：9 配比的 5%的氢氟酸和 5%的硝酸混合酸溶液对产物酸浸后，各杂质含量都达到甚至优于冶金级硅的要求，当然距离太阳能级硅还有一定的差距；而采用 5%的氢氟酸和 5%的盐酸混合酸溶液进行酸浸后，Mg、Na 和 K 的含量并未达到冶金级硅的要求。因此选择 5%的氢氟酸和 5%的硝酸混合酸溶液进行酸浸，再经盐酸酸洗、高纯水冲洗、过滤、干燥后得到了 Si 含量达到 99.9762%的冶金级硅粉，扫描电镜将其放大 5000 倍的图像如图 3.5（a）所示，从图中可看出生成的产物硅粒度在 40 μm 以下。扫描电镜放大 50000 倍的图像如图 3.5（b）所示，从图中可看出产物硅呈层状结构，且不同位置的层取向不同，说明产物硅为层状多晶硅。

表 3.12　冶金级硅和太阳能级硅的工业标准[96]

杂质含量/10^{-6}	Fe	Al	Ca	P	B
太阳能级硅	<10	<2	<2	<5	<1
冶金级硅	2000	100~200	500~600	20	40

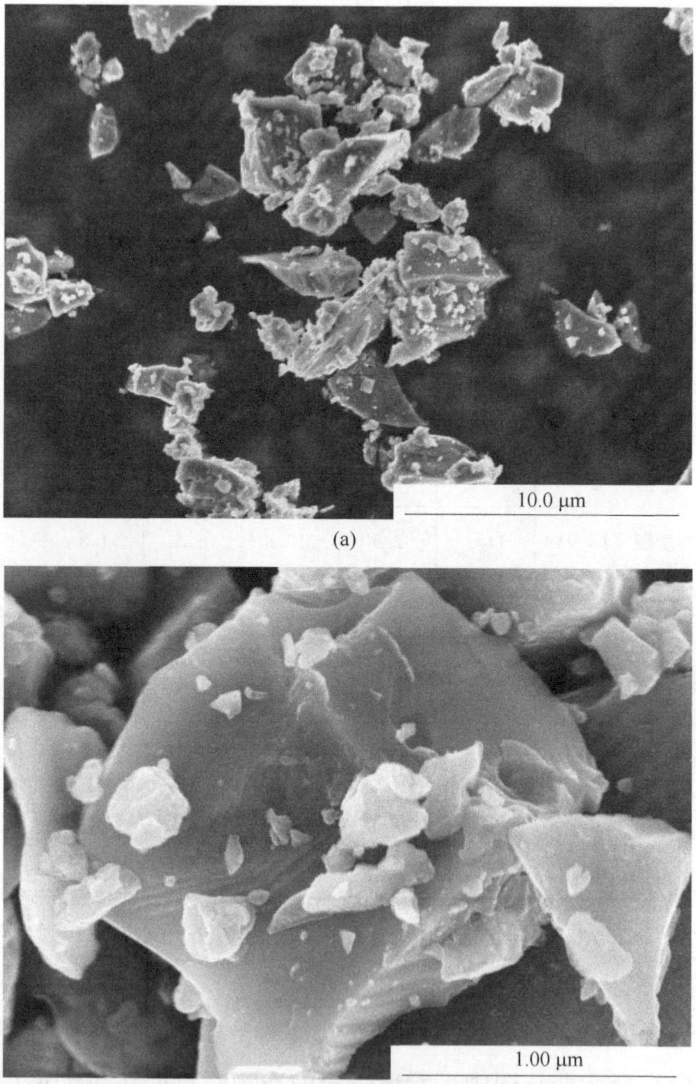

(a)

(b)

图 3.5　产物硅的扫描电镜图

(a) 5000×；(b) 50000×

经过数次重复实验，得到一定量的硅粉，将其送往重庆某研发部门，利用西门子法等传统工艺制备出了少子寿命不少于 100 μs、电阻率为 3~6 Ω · cm 的太阳电池用直拉单晶硅片。采用东方晨景生产的电输运测试系统测试了其中任一单晶硅片的电子和空穴迁移率、掺杂浓度，并利用千分表测试了此单晶硅片的厚度，其值见表 4.1。在第 4 章将利用这些参数，并查阅相关实验文献获得其他参数，来模拟研究 HIT 太阳电池。

3.6 实验结果分析

3.6.1 反应机理分析

二氧化硅自身不能导电，电子的传递要靠金属或其他导电物质（如石墨棒）。当金属或其他导电物质的电极电位负于二氧化硅的理论分解电势时，因电极上氧的活度降低，在石墨棒/氯化钙熔盐/二氧化硅三相界面附近的二氧化硅中的氧因氧化学势的差异将向三相界面处迁移，得到电子后，发生离子化，氧离子溶于氯化钙熔盐，故在阴极石墨棒附近的二氧化硅先被还原成单质硅。由于阴阳两极的电势差，氧离子会向阳极迁移，最后在阳极失去电子，发生氧化反应生成氧气或碳氧化合物。在阴极上新生成的硅将充当导体传递电子，脱氧反应继续在新的石墨棒/氯化钙熔盐/二氧化硅三相界面处发生，直到二氧化硅被全部还原成单质硅，所以阴极反应是由内向外进行的。

硅原子和氧原子在二氧化硅中是靠 Si—O 键结合的，发生脱氧反应后，Si—O 键断裂，形成硅的悬挂键，此为反应的中间态。悬挂键极不稳定，将与附近的硅结合生成 Si—Si 键，此时形成的是非晶硅，在 850 ℃的高温下，非晶硅发生晶型转变生成多晶硅。

3.6.2 杂质含量的理论分析

将原料高纯石英粉中的杂质与熔盐电解后硅粉中的杂质（分别参见表 2.11

和表 3. 10）进行对比分析，发现硅粉中的铁杂质含量为 25. 3×10^{-6}，要高于高纯石英粉中的铁杂质含量 9. 6×10^{-6}，说明优级纯氯化钙中含有极少量铁杂质，因为铁的电极电位比硅的更正，故铁杂质在阴极析出。高纯石英粉中镁、铝、钾、钠的含量分别为 10×10^{-6}、4. 1×10^{-6}、10. 2×10^{-6} 和 3. 6×10^{-6}，而硅粉中的含量分别为 10. 3×10^{-6}、4. 1×10^{-6}、10. 4×10^{-6} 和 3. 8×10^{-6}，由热力学数据表可知，此四种元素的电极电位比硅的负，不易在阴极发生还原反应，故几乎没有杂质在阴极析出。杂质钙的电极电位比硅的更负，也不易在阴极析出，但是高纯石英粉中的杂质钙含量为 15. 2×10^{-6}，而硅粉中的杂质钙含量为 2817. 5×10^{-6}，杂质含量增加较多，这是因为整个石英的还原过程在熔盐电解质氯化钙中进行，必然会有氯化钙夹杂在硅中，且在反应中会产生硅酸钙等含钙化合物，也会影响硅粉中的钙含量。

3. 6. 3 气体析出动力学分析

在电解过程中，氧离子在阳极发生氧化反应，生成 O_2 析出，或者与石墨发生反应生成 CO 或 CO_2。阳极气体的排放速度直接影响着二氧化硅发生脱氧反应的速度，若阳极气体离去快，则 O^{2-} 在熔盐氯化钙中的运动速度加快，从而使二氧化硅的脱氧反应加快，电流效率提高。

阳极石墨棒在氯化钙熔盐的腐蚀下，表面出现坑洼，其对 CO 或 CO_2 会形成一定的吸附作用，不利于气体的排出，主要表现在：(1) 石墨棒对 CO 和 CO_2 吸附到一定程度后，在其表面形成气膜，将阻碍氧离子发生氧化反应 $2O^{2-}=O_2+4e^-$，熔盐中的氧离子运动速度变慢、浓度变高，电流效率降低；(2) CO 和 CO_2 气体部分溶于熔盐中生成 CO_3^{2-}，发生反应 $CO_3^{2-}+4e^-=C+3O^{2-}$，产生的 C 会污染熔盐，影响电解产物的纯度，同时熔盐中的 O^{2-} 浓度增加进一步减慢了 O^{2-} 在熔盐中的运动速度，故电解反应时间不宜过长，若需重复实验时应及时更换石墨棒。

熔盐体系中的气体压力也会影响 O_2 等气体的及时排出，故应控制氩气流量，保持出气孔通畅，避免电解槽内的其他压力过大。

本章以伟晶岩型钾长石的富含石英尾矿提纯制备的高纯石英粉为原料，利用电解熔盐法制备出了冶金级单质硅，此硅粉完全满足利用传统工艺制备太阳能用单晶硅片的要求。熔盐电解所选用的工艺条件为：电解温度 850 ℃，电解时间 8 h，电解电压 2.8 V，制备出的产物利用氢氟酸酸洗和盐酸酸洗后，再用 5%氢氟酸与 5%硝酸的混合酸进行酸浸，最后经盐酸酸洗、高纯水冲洗、过滤、干燥，获得 Si 含量为 99.9762%的冶金级硅。

4 HIT 太阳电池的模拟研究

对于太阳电池的光电转换效率，主要取决于材料的光电转换特性以及对电池结构设计的合理优化，改善光生载流子被及时分离与收集的效果。对单晶硅体电池的模拟优化完全是建立在对材料的光电特性认识的基础上，通过对电池结构以及工艺不断地优化而获得。如果是制备非晶硅/单晶硅太阳电池要用到氢化非晶硅材料，其原子排列短程有序而长程无序，故其对光的吸收能力尤其是对短波段光子的吸收要远高于单晶硅，因此应该考虑发射层非晶硅材料适宜的厚度；如果是制备非晶硅薄膜太阳电池，由于非晶硅材料的高缺陷态密度以及较低的载流子迁移率，故设计非晶硅太阳电池应该认真考虑电池各层的尺寸、各层之间的界面过渡、电池是否会出现光致衰退现象以及电池的具体结构设计。总之，太阳电池光伏性能的优化与许多因素有关，如构成电池的材料特性、电池的具体结构和尺寸以及沉积条件等，因此优化太阳电池的难度是较大的。如果不能预测各因素之间的关系，仅靠不断地实验去摸索经验、改进效率，这不仅耗时、耗材、费力，且未必能得到理想的结果。因此，通过理论模拟，能较容易地揭示材料与工艺对电池性能的影响机制，通常能辨识这种影响的规律性趋势，从而为实验设计和工艺优化提供有效的指导。

不管对哪一种太阳电池，都可以通过电池模型的建立以及模拟计算，研究太阳电池的机理，预测影响太阳电池转换效率的因素，从而选择最合适的光伏材料，构建最合理的电池结构，选择恰当的工艺技术，发现改善电池稳定性以及转换效率的有效途径，使理论模拟对实践起到预示和指导的作用。太阳电池模拟的意义也就在于此。

太阳电池模拟的历史要追溯到半个世纪前。在 1961 年，Shockley 等首次建立了计算电池极限效率的模型，而且模拟的范围也较为广泛，如不同的阳光条件（包括不同的大气及云雾参数等），不同的电池材料（包括单晶硅材料、薄膜材料以及有机材料等），不同的电池结构（包括单结和多结电池、PN 结和 PiN 结、叠层太阳电池等）。而如今，发展起来的大型商业软件包 TCAD（Technology

Computer Aided Design），即半导体工艺模拟以及器件模拟工具，主要包括 Silvaco 公司的 Atlas，Synopsys 公司的 Sentaurus 以及 Crosslight Software 公司的 Apsys，它们也把太阳电池的相关内容增加进来，从而扩大其应用范围。TCAD 的功能很强大，往往能够模拟量子阱太阳电池甚至三维结构的太阳电池，但其价格比较昂贵。后来，工作在太阳电池领域的科学家们，自己创建模拟程序，可以模拟单晶硅、微晶硅、非晶硅甚至叠层太阳电池。例如，在 1988 年美国宾州大学开发的 AMPS（Analysis of Microelectronic and Photonic Structures）模拟程序以及在 1997 年荷兰 Delft 大学开发的 ASA 软件包等；还有德国柏林 Hahn-Meitner 研究所的 R. Stangl 教授研发的既可描述同质结也可描述异质结太阳电池的专用模拟软件 AFORS-HET（Automat for Simulation of Heterostructures），此软件直观性强、操作简单而且运行速度较快；还有 PC1D 模拟软件以及 Ghent 大学的 SCAPS 程序。这些后发展起来的模拟软件，能够较为准确地模拟同质结、异质结以及叠层太阳电池的工作过程，并能得到这些电池的光电性能，可以为实验提供充分的指导[13]。

4.1 AMPS 模拟的原理及参数设置

4.1.1 AMPS 模拟的原理

AMPS 软件是由 Stephen J. Fonash 教授等研发的用于模拟固态器件的物理输运机制的一维计算机程序。它可以分析半导体电子和光电器件结构的输运行为。这些器件结构通常是由单晶、多晶、非晶材料以及它们的组合构成。AMPS 从数值上求解三个半导体器件方程——泊松方程、电子和空穴连续性方程，如式（4.1）~式（4.3）所示：

$$\frac{1}{q}\frac{\mathrm{d}J_{\mathrm{n}}}{\mathrm{d}x} = -G(x) + U_{\mathrm{n}}(x) \tag{4.1}$$

$$\frac{1}{q}\frac{\mathrm{d}J_{\mathrm{p}}}{\mathrm{d}x} = G(x) - U_{\mathrm{p}}(x) \tag{4.2}$$

$$\frac{\mathrm{d}}{\mathrm{d}x}\left(\varepsilon\frac{\mathrm{d}\psi}{\mathrm{d}x}\right) = -q\cdot\left(p(x) - n(x) + N_{\mathrm{D}}^{+}(x) - N_{\mathrm{A}}^{-}(x) + p_{\mathrm{t}}(x) - n_{\mathrm{t}}(x)\right) \tag{4.3}$$

在求解过程中没有做出关于控制器件中输运机制的任何假设。因为这种精确的数值处理，AMPS 软件可以被用来模拟多种器件结构，包括同质结和异质结的 PN 和 PiN 结构太阳电池，多结太阳电池结构以及肖特基势垒太阳电池等[97]。AMPS 程序操作界面简单直观，设置的层数较多（最多 30 层）[98]，而且模拟结果准确且不易发散，因此国内外学者使用此软件做出了许多有意义的科研成果，同时也证明了此软件模拟结果的可靠性和准确性[99]。

在半导体器件中描述载流子输运的基本方程是电子和空穴连续性方程以及泊松方程。泊松方程描述了被俘获的电荷数、自由载流子数和离化杂质数与静电场之间的关系。若给出每个方程两个相关联的边界条件就可以求解出这三个相互关联的非线性微分方程组，具体的边界条件如式（4.4）~式（4.9）所示。

对前接触（$x=0$）处有

$$\psi(0) = \psi_0 - V \tag{4.4}$$

$$J_n(0) = qS_{n0}(n(0) - n_0(0)) \tag{4.5}$$

$$J_p(0) = -qS_{p0}(p_0(0) - p(0)) \tag{4.6}$$

背接触（$x=L$）处的电势固定为零，有

$$\psi(L) = 0 \tag{4.7}$$

$$J_n(L) = -qS_{nL}(n_0(L) - n(L)) \tag{4.8}$$

$$J_p(L) = qS_{pL}(p(L) - p_0(L)) \tag{4.9}$$

$x=0$ 处为电池的前端即光照端；$x=L$ 处为电池的后端。式中，ψ_0 表示 $x=0$ 处热平衡时的真空能级；V 表示入射光所产生的偏压；n 和 p 分别表示在工作条件下电子和空穴的密度；n_0 和 p_0 分别表示热平衡条件下电子和空穴的密度；S_n 和 S_p 分别表示电子和空穴的表面复合速率。式（4.4）和式（4.7）分别描述了器件两端的真空能级，其余的边界条件则体现了电子流密度和空穴流密度。

在 AMPS 中，带有合适边界条件的这三个方程可以同时被解出，这些方程很明显是非线性的，而且相互关联，所以可以利用数值方法求解。因为这些数值解技术的离散本质，所以方程的定义域也应该是离散的。下面将详细说明这种离散化的方法，并介绍 AMPS 中所使用的数值解技术。为了更好地解释求解这三个非线性微分方程的方法，这里将分成三部分进行讨论。首先，定义因变量的离散定义域；其次，通过有限差分法讨论差分方程的离散化；最后，讨论 AMPS 中为解决离散方程而使用的数值方法。

4.1.1.1 定义域的离散化

AMPS 中的定义域为 $0 \leqslant x \leqslant L$。如图 4.1 所示，AMPS 把器件结构分成 N 个区域和 $N+1$ 个格点。在图中主格点用实线表示，器件中这些点上的未知量静电势 ψ，以及电子和空穴的准费米能级 E_{FN} 和 E_{FP} 将被解出；次格点用虚线表示，器件中这些点上的电流密度将用 Scharfetter Gummel 方法明确表示出来。

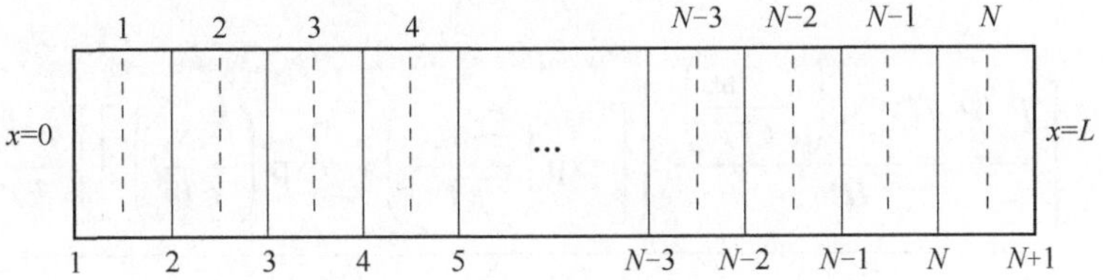

图 4.1 器件被分成的区域和格点

4.1.1.2 差分方程的离散化

使用有限差分法来使微分方程离散。这种方法用差分算子来替代微分算子，例如，泊松方程中真空能级的二阶导数可以用中心差分来表示。

$$\frac{\mathrm{d}^2\psi(x_i)}{\mathrm{d}x^2} = \frac{\psi x_{i+1} - 2\psi x_i + \psi x_{i-1}}{h + H} \tag{4.10}$$

按照这种方式，式中 H 和 h 分别表示靠前面以及靠后面两个相邻格点之间的距离。如果用户使用的网格的大小是不同的，那么 AMPS 也允许相邻格点之间的距离是不同的。

在连续性方程中，导数项是电流密度的导数。然而，如果对电流密度用上述表达，即它们的导数用差分表示，那么使用数值方法很难收敛到一个解。为了避免这个问题，Scharfetter 和 Gummel 使用了一种针对 J_p 和 J_n 所谓试验性的函数表达，这种表达将允许电流密度的导数更适合数值方法。这些导数被表达为

$$\left[\frac{\mathrm{d}J_p}{\mathrm{d}x}\right]_i = \frac{J_{p,i+1/2} - J_{p,i-1/2}}{h + H} \tag{4.11}$$

$$\left[\frac{\mathrm{d}J_{\mathrm{n}}}{\mathrm{d}x}\right]_i = \frac{J_{\mathrm{n},i+1/2} - J_{\mathrm{n},i-1/2}}{h + H} \tag{4.12}$$

J_{p} 和 J_{n} 的试验函数由文献［97］给出，如式（4.13）和式（4.14）所示，这里不再详细推导。

$$J_{\mathrm{p},i+1/2} = \frac{\left[qkT\mu_{\mathrm{p}}N_{\mathrm{v}}\exp\left(\frac{-\phi_{\mathrm{bL}} - E_{\mathrm{G}}}{kT}\right)\right]\left[\exp\left(\frac{E_{\mathrm{FP}_{i+1}}}{kT}\right) - \exp\left(\frac{E_{\mathrm{FP}_i}}{kT}\right)\right]\left[\frac{\psi_{i+1}}{kT} - \frac{\psi_i}{kT}\right]}{\exp\left(\frac{-\psi_{i+1}}{kT}\right) - \exp\left(\frac{-\psi_i}{kT}\right)} \tag{4.13}$$

$$J_{\mathrm{n},i+1/2} = \frac{\left[\frac{qkT\mu_{\mathrm{n}}N_{\mathrm{c}}\exp\left(\frac{-\phi_{\mathrm{bL}}}{kT}\right)}{H}\right]\left[\exp\left(\frac{E_{\mathrm{FN}_{i+1}}}{kT}\right) - \exp\left(\frac{E_{\mathrm{FN}_i}}{kT}\right)\right]\left[\frac{\psi_{i+1}}{kT} - \frac{\psi_i}{kT}\right]}{\exp\left(\frac{\psi_{i+1}}{kT}\right) - \exp\left(\frac{\psi_i}{kT}\right)} \tag{4.14}$$

式（4.13）和式（4.14）中的 ϕ_{bL} 为半导体器件的背接触处的势垒高度（即费米能级与导带之间的能量差值）。把式中的 $i+1$ 和 H 分别用 $i-1$ 和 h 代替，并在整个方程的前面放一负号，可以得到 $J_{\mathrm{p},i-1/2}$ 和 $J_{\mathrm{n},i-1/2}$ 与式（4.13）和式（4.14）相似的表达式。

随着泊松方程和两个连续方程中导数的离散化，这些方程可以被重新表达成不同的函数形式，分别用 f_i、$f_{\mathrm{e}i}$ 和 $f_{\mathrm{h}i}$ 来表示。方程 f_i 对应泊松方程，如式（4.15）所示：

$$f_i(\psi_{i-1}^*,\ \psi_i^*,\ \psi_{i+1}^*) = -(A_{i-1}^*\psi_{i-1}^* - A_i^*\psi_i^* + A_{i+1}^*\psi_{i+1}^*) + \rho_i\psi_i^* \tag{4.15}$$

上式泊松方程中的所有项都在右下角标上了格点号，并用无量纲的量 $\psi^* = \psi/kT$ 来表达。三个前因子“A^*”分别用下式表示：

$$A_{i-1}^* = \frac{4\varepsilon_i\varepsilon_{i-1}kT}{h(h + H)(\varepsilon_i + \varepsilon_{i-1})} \tag{4.16}$$

$$A_{i+1}^* = \frac{4\varepsilon_i\varepsilon_{i+1}kT}{H(h + H)(\varepsilon_i + \varepsilon_{i+1})} \tag{4.17}$$

$$A_i^* = A_{i-1}^* + A_{i+1}^* \tag{4.18}$$

式中，$A_i^* = KTA_i$。函数 $f_{\mathrm{e}i}$ 和 $f_{\mathrm{h}i}$ 分别对应 i 点上的电子和空穴连续性方程，如式（4.19）和式（4.20）所示：

$$f_{ei}(x) = \frac{2}{q(h+H)}(J_{n,i+1/2}(x) - J_{n,i-1/2}(x)) + G_{op,i}(x) - R_i(x) \quad (4.19)$$

$$f_{hi}(x) = -\frac{2}{q(h+H)}(J_{p,i+1/2}(x) - J_{p,i-1/2}(x)) + G_{op,i}(x) - R_i(x) \quad (4.20)$$

式中，$G_{op}(x)$ 为光产生率；$R(x)$ 为净复合率。

对于图 4.1 中的每一个格点都有式（4.15）、式（4.19）和式（4.20），而图中去掉边界共有 $N-1$ 个格点，故有 $3(N-1)$ 个方程，再加上式（4.4）~式（4.9）这 6 个边界条件，所以共有 $3(N+1)$ 个方程。AMPS 必须解出这些方程，即找到式（4.15）、式（4.19）和式（4.20）中的 ψ 、E_{FP} 和 E_{FN} 的值。

4.1.1.3 Newton-Raphson 方法

在 AMPS 中 Newton-Raphson 方法被用来解出这 $3(N+1)$ 个代数方程。这种方法需要把整个器件分成如图 4.1 所示的 N 个格子，并写出每个格点上态变量 ψ 、E_{FP} 和 E_{FN} 的差分方程。给出差分方程根的恰当的初始值，然后通过迭代的方法找到函数 f_i 、f_{ei} 和 f_{hi} 的根。这里应该强调的是成功（收敛）的关键是根的初始猜测值应该是恰当的。AMPS 中建立了产生这些恰当的初始猜测值的常规方法。

对于 AMPS 来说要有效地使用 Newton-Raphson 方法，这 $3(N+1)$ 个方程必须写成有效的矩阵形式。值得注意的是这些方程中的 6 个来自边界条件，另 $3(N-1)$ 个方程来自内部 $N-1$ 个格子的边界。对于这些方程的每一个，Newton-Raphson 方法需要关于每一个离散点上的态变量 ψ 、E_{FP} 和 E_{FN} 的偏导数。如果令矩阵 $\boldsymbol{A}$ 为这些偏导数的雅可比矩阵，矩阵 $\boldsymbol{\delta}$ 为 i 点状态变量的初始值与修正值之间差值 $\delta\psi_i$ 、$\delta E_{FP,i}$ 和 $\delta E_{FN,i}$ 的矩阵。通过评价后的 i 点上的函数 f_i、f_{ei} 和 f_{hi} 形成了矩阵 $\boldsymbol{B}$，于是有

$$[\boldsymbol{A}] \cdot [\boldsymbol{\delta}] = [\boldsymbol{B}] \quad (4.21)$$

矩阵 $\boldsymbol{A}$ 和 $\boldsymbol{B}$ 最初使用态变量的初始猜测值写出。使用矩阵 $\boldsymbol{\delta}$ 更新对解的猜测值，使更新后的值逐渐趋近于态变量的真实值，随后写出相应的更新后的矩阵 $\boldsymbol{A}$ 和 $\boldsymbol{B}$。矩阵 $\boldsymbol{\delta}$ 被写成如下形式

$$\begin{bmatrix} \Uparrow \\ \delta\psi_i \\ \delta E_{\mathrm{FP},i} \\ \delta E_{\mathrm{FN},i} \\ \Downarrow \end{bmatrix} \tag{4.22}$$

矩阵 **B** 被写成如下形式

$$\begin{bmatrix} \Uparrow \\ f_i \\ f_{\mathrm{e}i} \\ f_{\mathrm{h}i} \\ \Downarrow \end{bmatrix} \tag{4.23}$$

这里指出矩阵 **δ** 和 **B** 的建立允许雅可比矩阵 **A** 为最小尺寸的带状矩阵，这样可以减少计算时间。为了解矩阵 **δ** ，使用了 L-U 分解法。

在使用 Newton-Raphson 方法时，应该注意泊松方程和连续性方程必须被合理安排，这样才能找到正确的解。在每一次迭代之后，矩阵 **δ** 都会增加最新的猜测值，直到增加的值小于预先设定的无穷小误差值。在 AMPS 中，每个点上所有态变量的无穷小误差值被设置为 10^{-6}KT。

通过上述计算首先得到器件中每个点上的静电势、空穴和电子的准费米能级，再通过这三个参数计算出能带边、受陷电荷、载流子浓度、电场、电流分布、*I-V* 特性曲线以及其他载流子输运信息。

4.1.2　AMPS 模拟的参数设置

4.1.2.1　AMPS 模拟的器件模型

本书主要模拟的器件有单面 HIT 异质结太阳电池，其具体结构为 TCO/a-Si：H(P^+)/c-Si(N)/Al，其示意图如图 4.2 所示，即太阳电池的窗口层为重掺杂的 P 型非晶硅，吸收层为 N 型单晶硅，二者之间为起界面钝化作用的本征非晶硅薄层，电池两端接触层分别为 TCO 和 Al（金属铝）。本书也模拟了 N 型单晶硅衬底和 P 型单晶硅衬底上的双面 HIT 异质结太阳电池，其具体结构分别为 TCO/a-Si:H(P^+)/a-Si:H(i)/c-Si(N)/a-Si:H(i)/a-Si:H(N^+)/TCO 和 TCO/a-Si:H(N^+)/a-Si:H(i)/c-Si(P)/a-Si:H(i)/a-Si:H(P^+)/TCO，其示意图分别如图 4.3（a）和（b）所示，即使用等离子体增强化学气相沉积技术在单晶硅衬底两侧沉积掺杂、本征及重掺杂的非晶硅薄膜，形成太阳电池的发射层、本征层和背面场。由于掺杂非晶硅薄膜的电导率较低，因此需要在太阳电池的两端沉积透明导电氧化物（TCO），这样就形成了双面 HIT 太阳电池。

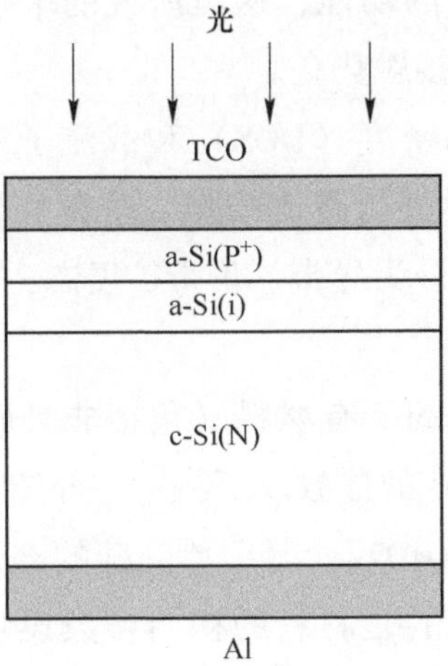

图 4.2 单面 HIT 异质结太阳电池结构

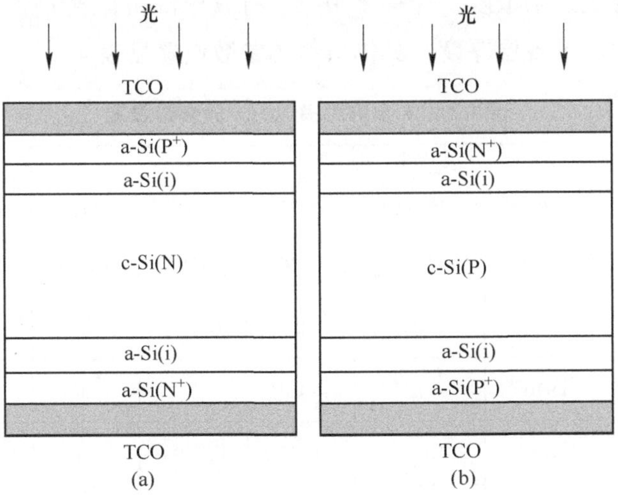

图 4.3 双面 HIT 异质结太阳电池结构

4.1.2.2　AMPS 的参数设置

由德国 HMI 研究所研发的 AFORT-HET 模拟软件与美国宾州大学研发的 AMPS-1D 模拟软件各具特色。AFORT-HET 软件直观性强、功能较多，但其模拟结果与 AMPS 相比容易发散，故本书采用 AMPS 软件模拟了 HIT 太阳电池的光伏性能随各种因素的变化规律，但同时借鉴了 AFORT 软件中通过调节前后 TCO 功函数使电池前后接触为平带的功能，这里所说的平带即指电池前或背面的 TCO 与 a-Si:H(N^+) 层之间没有接触势垒。

AMPS-1D 软件可以在态密度（DOS）和载流子寿命（Life Time）两种半导体电子学描述模式下对器件进行直流模拟。这里在模拟中采用的是 DOS 模式。这种模式下，半导体电子态分为导带、价带扩展态，导带、价带带尾定域态以及隙间定域态。

本书在模拟过程中用到的所有材料（包括非晶硅 a-Si、非晶硅碳 a-SiC、非晶硅锗 a-SiGe、单晶硅 c-Si）的参数以下将一一介绍，这些材料参数主要来自参考文献 [59，97，100，101，102]，其中单晶硅的部分参数来自第 3 章的测量结果。值得强调的是下面给出的是材料的初始参数设置，在模拟中有些可能是变量，其变化范围这里没有介绍，将在具体的模拟中有所体现。

首先介绍一般的层参数，这些层参数包括太阳电池各层材料的电子和空穴迁移率、施主或受主掺杂浓度、迁移率带隙、有效导带和有效价带态密度、电子亲和能、介电常数以及各层厚度，具体材料的参数设置见表 4.1。

表 4.1　太阳电池模拟的一般参数设置

参数	a-Si (P^+)	a-SiC(P^+) (1)/(2)	a-SiGe (P^+)	c-Si (N)	a-Si (i)	a-Si (N^+)	a-SiC (N^+)
介电常数	11.90	11.90	11.90	11.90	11.90	11.90	11.90
施主掺杂浓度/cm^{-3}	0	0	0	1×10^{16}	0	1×10^{19}	1×10^{19}
受主掺杂浓度/cm^{-3}	1×10^{19}	1×10^{19}	1×10^{19}	0	0	0	0
迁移率带隙/eV	1.80	2.10/1.92	1.61	1.12	1.80	1.80	1.92
电子亲和能/eV	3.80	3.60/3.70	4	4.05	3.80	3.80	3.70

续表 4.1

参数	a-Si (P^+)	a-SiC(P^+) (1)/(2)	a-SiGe (P^+)	c-Si (N)	a-Si (i)	a-Si (N^+)	a-SiC (N^+)
电子迁移率 /$cm^2 \cdot (V \cdot s)^{-1}$	10	5/10	12.75	1350	20	10	10
空穴迁移率 /$cm^2 \cdot (V \cdot s)^{-1}$	1	0.5/1	1.275	450	2	1	1
层厚度/nm	5	5	5	200000	4	5	5
有效导带态密度/cm^{-3}	2.50×10^{20}	2.50×10^{20}	2.50×10^{20}	2.80×10^{19}	2.50×10^{20}	2.50×10^{20}	2.50×10^{20}
有效价带态密度/cm^{-3}	2.50×10^{20}	2.50×10^{20}	2.50×10^{20}	1.04×10^{19}	2.50×10^{20}	2.50×10^{20}	2.50×10^{20}

关于太阳电池前后接触需要设置的参数有前后接触势垒、前后表面反射率以及电子和空穴复合速率，具体的参数设置见表 4.2。

表 4.2 太阳电池前后接触的参数设置

前接触势垒高度 /eV	背接触势垒高度 /eV	前接触电子复合速率 /$cm \cdot s^{-1}$	背接触电子复合速率 /$cm \cdot s^{-1}$	前接触空穴复合速率 /$cm \cdot s^{-1}$	背接触空穴复合速率 /$cm \cdot s^{-1}$	前接触光反射率	背接触光反射率
1.67	0.11	1×10^7	1×10^7	1×10^7	1×10^7	0	0.60

在模拟过程中采用光照条件为 AM1.5、100 mW/cm^2，其具体数值为 AMPS 的默认值。各材料的光学带隙见表 4.3，太阳光的有效波段范围为 0.3~1.1 μm，各材料对太阳光的吸收系数如图 4.4 所示。值得强调的是非晶材料的光学带隙与吸收系数二者应是相容的。光吸收系数 α 随光子能量 $h\nu$ 的变化关系满足

$$\alpha(h\nu) = B^2[(h\nu - E_g)^2/h\nu] \tag{4.24}$$

通常对实验得到的非晶材料的吸收系数进行拟合，可以由式（4.24）得到它们的光学带隙 E_g，同时也能获得系数 B 值。再把这两个值代入式（4.24），就可以得到长波或短波区域实验没有得到的吸收系数[103-104]。

表 4.3 几种材料的光学带隙

参数	a-Si (P^+)	a-SiC(P^+) (1)/(2)	a-SiGe (P^+)	c-Si (N)	a-Si (i)	a-Si(N^+)	a-SiC (N^+)
光学带隙/eV	1.72	1.88	1.50	1.12	1.72	1.72	1.88

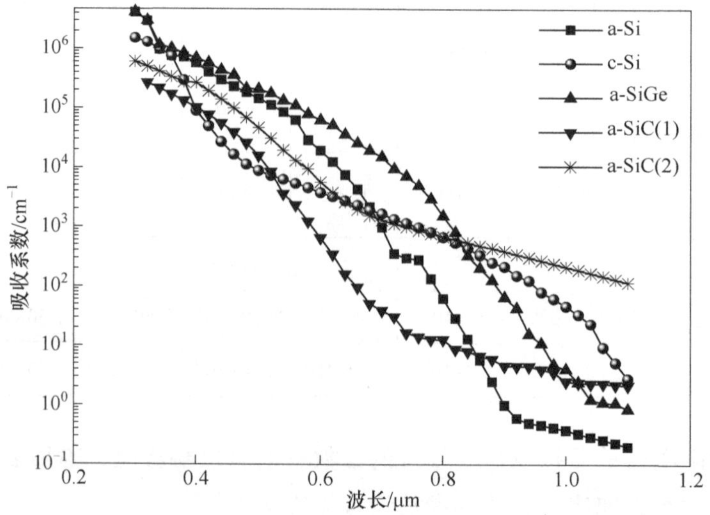

图 4.4　几种材料的吸收系数

在半导体材料中由于键角畸变等原因产生了带尾定域态，通常用指数函数式（4.25）和式（4.26）来表示，如图 4.5 所示[105]。

$$g_a(E) = G_{ao}\exp[(E_C - E)/E_a] \tag{4.25}$$

$$g_d(E) = G_{do}\exp[(E - E_V)/E_d] \tag{4.26}$$

式中，E_a 和 E_d 分别表示带尾特征能量，E_a 和 E_d 越大，则带尾宽度越宽；前因子 G_{ao} 和 G_{do} 分别表示类施主和类受主单位体积单位能量的状态数。

AMPS 的带尾缺陷态需要设置的参数有价带和导带带尾特征能量、施主和受主带尾态密度以及对电子和空穴的俘获跨越截面，各材料具体的带尾参数设置见表 4.4。

表 4.4　几种材料的带尾参数设置

参数	a-Si (P^+)	a-SiC(P^+) (1)/(2)	a-SiGe (P^+)	c-Si (N)	a-Si (i)	a-Si (N^+)	a-SiC (N^+)
价带尾特征能量/eV	0.06	0.1/0.06	0.06	0.01	0.05	0.06	0.06
导带尾特征能量/eV	0.03	0.07/0.05	0.03	0.01	0.02	0.03	0.03
施主带尾态密度/$cm^{-3} \cdot eV^{-1}$	1×10^{21}	1×10^{21}	1×10^{21}	1×10^{14}	1×10^{21}	1×10^{21}	1×10^{21}

续表 4.4

参数	a-Si (P⁺)	a-SiC(P⁺) (1)/(2)	a-SiGe (P⁺)	c-Si (N)	a-Si (i)	a-Si (N⁺)	a-SiC (N⁺)
受主带尾态密度/$cm^{-3}\cdot eV^{-1}$	1×10^{21}	1×10^{21}	1×10^{21}	1×10^{14}	1×10^{21}	1×10^{21}	1×10^{21}
施主态对电子和空穴的俘获跨越截面/cm^2	1×10^{-15}	1×10^{-15}	1×10^{-15}	1×10^{-30}	1×10^{-15}	1×10^{-15}	1×10^{-15}
	1×10^{-17}	1×10^{-17}	1×10^{-17}	1×10^{-30}	1×10^{-17}	1×10^{-17}	1×10^{-17}

半导体材料中的结构缺陷如悬挂键，会引入大量的隙间缺陷能级。AMPS 软件中常用的隙间缺陷态分布模式有两种：一种是平均分布（单晶硅常采用此种分布模式）；另一种是双高斯分布（非晶材料采用此种模式，如图 4.5 所示），双高斯分布函数如式（4.27）[106]所示。

$$g_{a,d}(E) = G_{G(a,d)}\exp\left[-\frac{1}{2}\frac{(E-E_{pk(a,d)})^2}{W_{DS(a,d)}^2}\right] \tag{4.27}$$

式中，G_{Ga} 和 G_{Gd} 分别表示类受主和类施主态单位体积单位能量的状态数，即高斯分布的态密度；E_{pka} 和 E_{pkd} 分别表示类受主和类施主态的高斯峰能量；W_{DSa} 和 W_{DSd} 分别表示类受主和类施主态分布的标准偏差。

AMPS 的隙间缺陷态参数设置值见表 4.5。

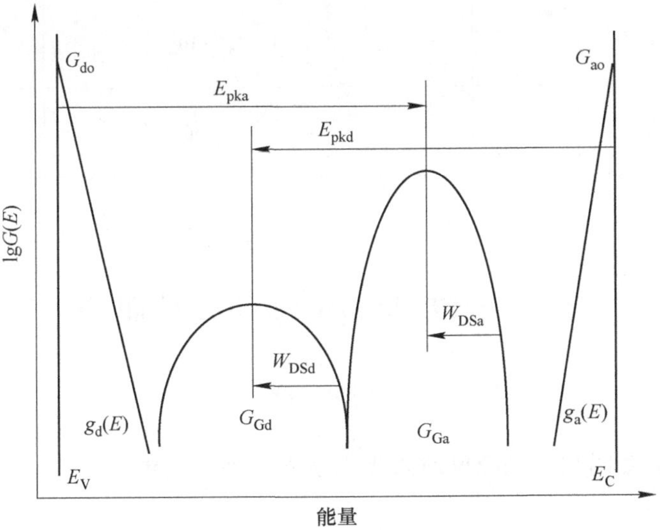

图 4.5 带尾和隙间缺陷态分布图示

表 4.5　几种材料的隙间缺陷态设置

参数	a-Si (P⁺)	a-SiC(P⁺) (1)/(2)	a-SiGe (P⁺)	c-Si (N)	a-Si (i)	a-Si (N⁺)	a-SiC (N⁺)
类施主高斯峰能量/eV	0. 70	1. 24/1. 27	1. 12		1. 12	1. 20	1. 27
类受主高斯峰能量/eV	1. 20	1. 14/1. 17	1. 02		1. 02	0. 80	0. 90
类施主高斯态密度/cm^{-3}	5×10^{17}	5×10^{17}	5×10^{17}		5×10^{15}	5×10^{17}	5×10^{17}
类受主高斯态密度/cm^{-3}	5×10^{17}	5×10^{17}	5×10^{17}		5×10^{15}	5×10^{17}	5×10^{17}
标准偏差/eV	0. 22	0. 22	0. 22		0. 15	0. 22	0. 22
隙间类施主态对电子和空穴的俘获截面/cm^2	1×10^{-14}	1×10^{-14}	1×10^{-14}		1×10^{-14}	1×10^{-14}	1×10^{-14}
	1×10^{-15}	1×10^{-15}	1×10^{-15}		1×10^{-15}	1×10^{-15}	1×10^{-15}
隙间类受主态对电子和空穴的俘获截面/cm^2	1×10^{-15}	1×10^{-15}	1×10^{-15}		1×10^{-15}	1×10^{-15}	1×10^{-15}
	1×10^{-14}	1×10^{-14}	1×10^{-14}		1×10^{-14}	1×10^{-14}	1×10^{-14}
隙间态密度/cm^{-3}				1.9×10^{11}			
切换电压/eV				0. 56			

4.2　HIT 太阳电池的模拟研究

4.2.1　发射层隙间缺陷态密度对太阳电池光伏性能的影响

在背接触是平带的条件下，模拟了发射层掺杂浓度分别为 $N_a = 5 \times 10^{17}$ 、

$N_a=1\times10^{18}$ 和 $N_a=1\times10^{19}\ cm^{-3}$ 时发射层隙间缺陷态密度 N_d 对太阳电池光伏性能的影响，如图4.6所示。从图中可看出发射层掺杂浓度为 $N_a=5\times10^{17}\ cm^{-3}$、隙间缺陷态密度为 $N_d=1\times10^{18}\ cm^{-3}$ 时以及 $N_a=1\times10^{18}\ cm^{-3}$、$N_d=2.5\times10^{18}\ cm^{-3}$ 时，电池的开路电压和填充因子迅速衰减，从而导致转换效率的大幅度降低，已经低于10%；而当 $N_a=1\times10^{19}\ cm^{-3}$ 时，尽管 N_d 达到 $2.5\times10^{18}\ cm^{-3}$，电池的转换效率仍然较高为24.479%。

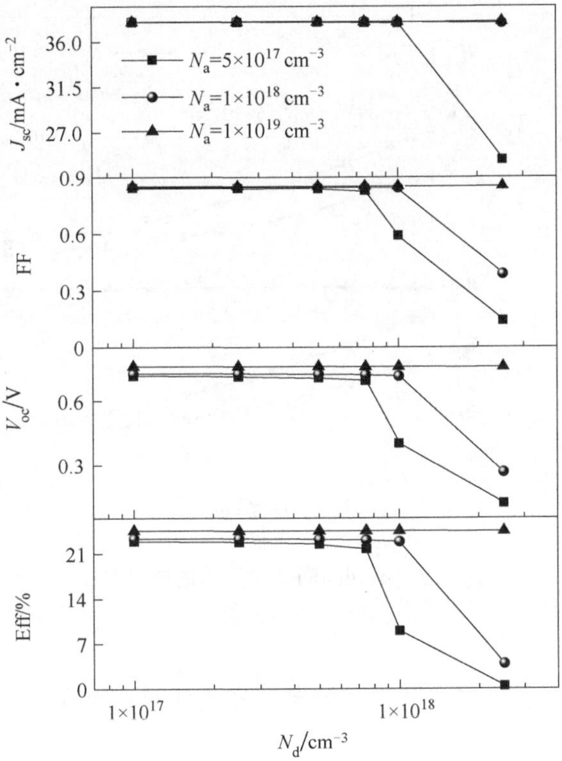

图4.6 发射层隙间态密度对太阳电池性能的影响

以上结果主要是因为当发射层的隙间缺陷态密度高于其掺杂浓度并达到一定的值时，发射层的费米能级将大幅度提高从而远离价带，这在文献［107］中也有相关报道，这样使P区和N区费米能级的差值减小，根据式（4.28）：

$$qV_D = E_{FP} - E_{FN} \tag{4.28}$$

式中，V_D 为PN结内建电势；E_{FP} 和 E_{FN} 分别为P区和N区的费米能级，从而导致电池的内建电势变小（如图4.7所示），因而开路电压也随之大幅度衰减[61]。根

据经验公式（4.29）[13]

$$\mathrm{FF} = \frac{V_{oc} - \frac{kT}{q}\ln\left(\frac{qV_{oc}}{kT} + 0.72\right)}{V_{oc} + \frac{kT}{q}} \tag{4.29}$$

可知填充因子随着开路电压的衰减而衰减。由以上分析可知发射层隙间缺陷态密度越高，对发射层掺杂浓度的要求就越高，否则电池很难达到较高的转换效率。

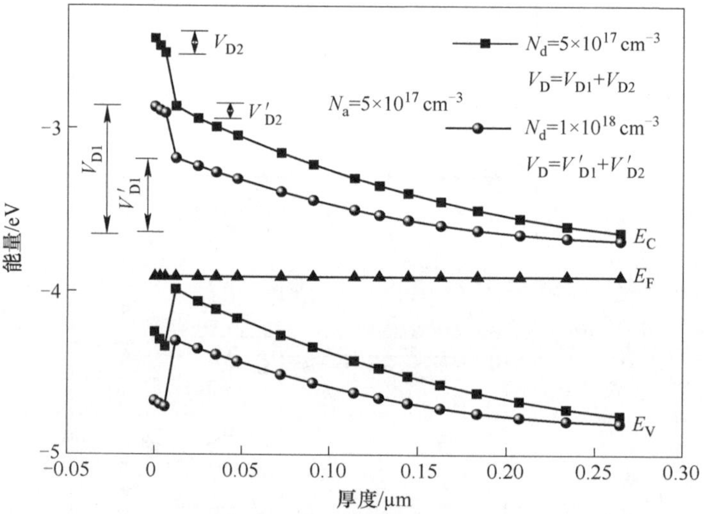

图 4.7　不同隙间态密度时的能带对比

4.2.2　发射层带隙和带尾宽度对太阳电池光伏性能的影响

为了获得更大的短路电流，需要克服由发射层光吸收导致的双面 HIT 结构电池的光学损失。三洋公司曾提出把发射层的非晶硅用高质量宽带隙合金（如非晶硅碳）替代[108]，有望提高短路电流。这里以非晶硅碳（a-SiC）、非晶硅锗（a-SiGe）、非晶硅作为发射层为例，首先讨论发射层带隙对太阳电池性能的影响。

首先假设 a-SiC 与 a-Si 和 a-SiGe 具有相同的价带和导带带尾特征能量 E_d 和 E_a（0.06 eV 和 0.03 eV），即带尾宽度相同，在此基础上讨论发射层带隙对太阳电池性能的影响。表 4.6 中列出了发射层为不同带隙材料时的光伏特性，从表中可看出，发射层的带隙越宽，则电池的短路电流和开路电压越高，从而使电池的转换效率提高。短路电流的提高是因为 a-Si 和 a-SiGe 在短波区域的吸收较高，甚至高于单晶硅，而其载流子迁移率要比单晶硅低得多，所以在发射层内产生的载流子不能得到有效收集。但如果发射层使用宽带隙的 a-SiC，则材料对太阳光短波区的吸收系数降低，有更多的短波段光子透过，被单晶硅有效吸收并收集。而开路电压的提高是因为 a-SiC 的带隙展宽，使电池的内建电势和价带失配增大，从而有利于开路电压的提高[58]。在带尾宽度相同的基础上，迁移率带隙为 2.10 eV 的 a-SiC 产生的电池转换效率最高，达到了 25.148%。

表 4.6　不同带隙发射层的光伏特性比较

发射层材料	η/%	J_{sc}/mA · cm^{-2}	V_{oc}/V	FF
a-SiC（1）	25.148	38.234	0.773	0.851
a-SiC（2）	24.785	38.154	0.764	0.850
a-Si	24.588	37.975	0.762	0.850
a-SiGe	23.777	37.722	0.743	0.848

但值得注意的是，上述结论是在带尾特征能量相同的条件下讨论的，事实上对于 a-SiC，随着碳含量的增加，虽然带隙变宽，但 a-SiC 的带尾特征能量也变大（即带尾宽度变宽），尤其是价带带尾特征能量 E_d 增加更为明显[109]。下面将讨论 a-SiC 的价带带尾特征能量对电池性能的影响。从图 4.8 的模拟结果可以看出，无论是带隙为 1.92 eV 还是 2.10 eV 的 a-SiC，电池的转换效率都随着价带带尾特征能量的增加而降低，其中开路电压的降低最为显著，这主要是由于带尾特征能量即带尾宽度的增加使载流子复合增加，如图 4.9 所示，从而导致反向饱和电流增加，根据式（1.15）可知开路电压将降低。对于带隙为 1.92 eV 的 a-SiC，其价带带尾特征能量 $E_d \leqslant 0.06$ eV 时，其转换效率 $\eta \geqslant 24.785\%$ 才能超过 a-Si 作为发射层时的转换效率 24.588%；带隙为 2.10 eV 的 a-SiC，其价带带尾特征能量 $E_d \leqslant 0.1$ eV 时，其转换效率 $\eta \geqslant 24.615\%$ 才能超过 a-Si 作为发射层时的转换效率。因此，随着 a-SiC 中碳含量的增加，带隙变宽对电池的光伏性能起着正面的作用，但带尾宽度变宽对电池的光伏性能起着负面的影响，二者应达到最优的匹配值，才能达到更高的转换效率[110]。

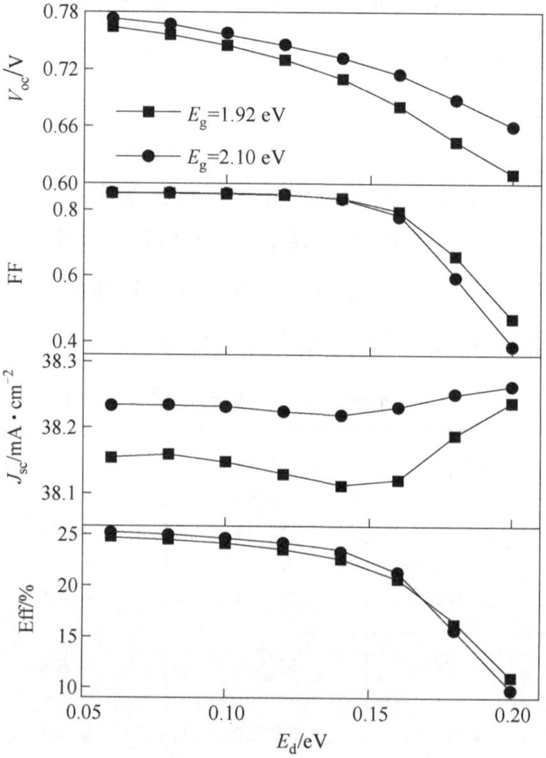

图 4.8　发射层价带带尾特征能量对太阳电池性能的影响

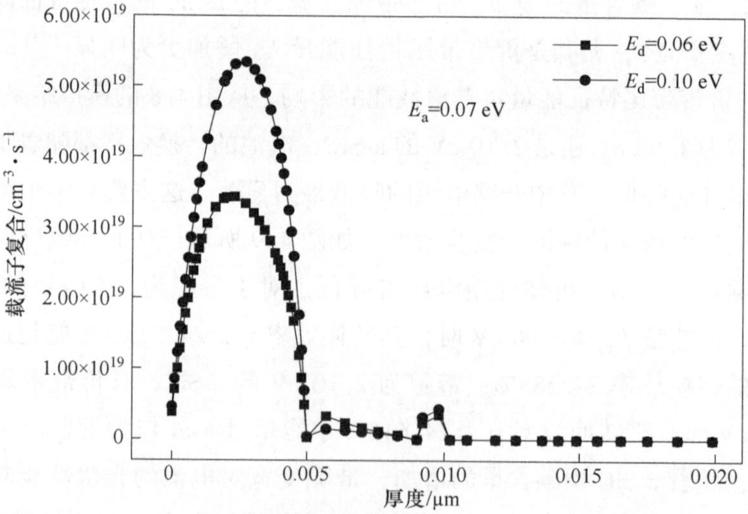

图 4.9　不同的价带带尾特征能量对应的载流子复合对比

4.2.3　发射层厚度对太阳电池光伏性能的影响

在图 4.10 中，分别模拟了发射层厚度对 P 型以及 N 型单晶硅衬底上的双面 HIT 太阳电池的影响。从图中可以看出，无论发射层的掺杂浓度 N_a 是多少，P 型以及 N 型单晶硅衬底上电池的转换效率都会随着发射层厚度的增加而减少。而且，图中还显示了在发射层分别为高或低掺杂时发射层厚度对太阳电池的每个具体光伏参数的影响。当掺杂浓度较高（如 $N_a=1\times10^{19}\ cm^{-3}$、$1\times10^{20}\ cm^{-3}$）时，随着发射层厚度的增加，电池的短路电流有着较大的衰减，但是开路电压和填充因子改变得很小，于是使 P 型以及 N 型单晶硅衬底上的电池的转化效率都减少；当掺杂浓度较低（如 $N_a=1\times10^{18}\ cm^{-3}$）时，随着发射层厚度的增加，尽管转换效率也在减少，但是开路电压和填充因子对于两种衬底上的电池来说都有很大的衰减，而对于 N 型衬底的电池比 P 型衬底的电池的短路电流衰减得要小。

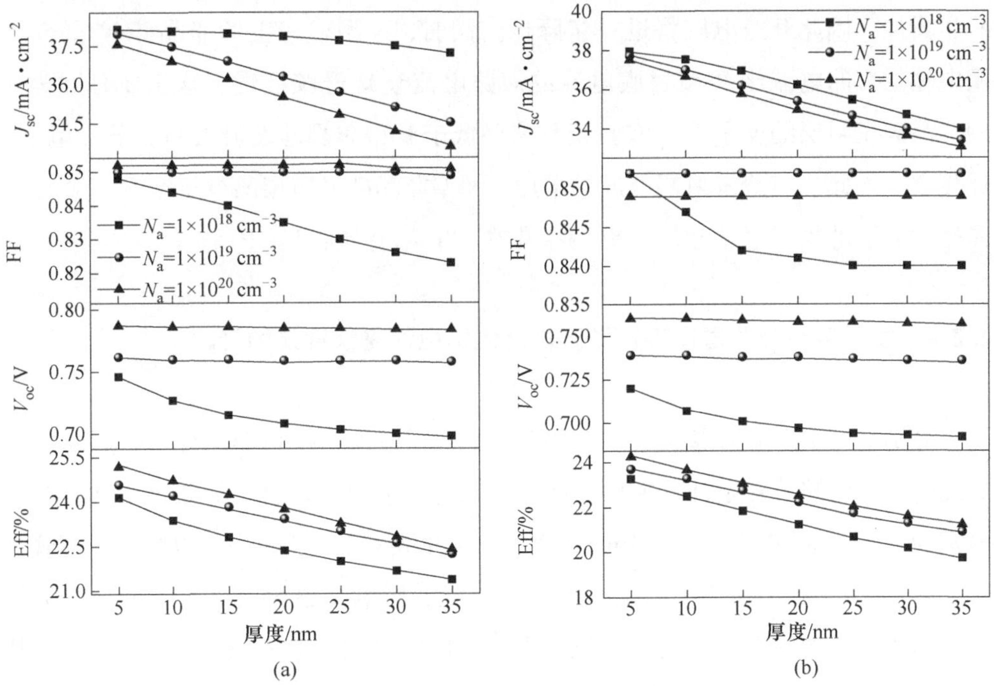

图 4.10　不同掺杂浓度时发射层厚度对太阳电池性能的影响

（a）N 型衬底上的双面 HIT 太阳电池；（b）P 型衬底上的双面 HIT 太阳电池

产生上述结果的原因是在非晶硅发射层中产生的光生载流子能被电极有效收集主要依靠非晶硅薄膜中的电场，这是因为非晶硅薄膜内的缺陷态密度较高且载流子的扩散长度较短。对于较高的掺杂浓度，发射层的空间电荷区是非常窄的，甚至准中性区（低场死层）将出现，所以载流子不容易被收集，导致短路电流减少。此时，如果发射层厚度增加，低场区以及光生载流子将增加，这会使光生载流子不能被有效收集，结果会导致短路电流迅速衰减。当掺杂浓度较低时，P 区和 N 区费米能级的能量差值是较小的，这使电池的内建电势降低，不利于开路电压的增大。此外，根据式（4.30）[13]

$$J_s = en_i^2\left(\frac{D_n}{L_nN_a} + \frac{D_p}{L_pN_d}\right) \tag{4.30}$$

式中，N_d 为 N 层的施主掺杂浓度；D_n 和 D_p 分别为电子和空穴的扩散系数；L_n 和 L_p 分别为电子和空穴的扩散长度。发射层的掺杂浓度降低，会使反向饱和电流增大，因此电池的开路电压会降低。随着发射层厚度的增加，反向饱和电流进一步增加，因此开路电压将进一步降低。同时，N 型衬底上的非晶硅/单晶硅太阳电池的短路电流比 P 型衬底电池的短路电流衰减得较缓慢。这主要是因为 N 型非晶硅发射层的少子（空穴）迁移率要低于 P 型非晶硅发射层的少子（电子）迁移率。因此，随着发射层厚度的增加，N 型非晶硅发射层的少子空穴与 P 型非晶硅发射层的少子电子相比，更不容易被 N/P 结有效收集[111]。

4.2.4　发射层与吸收层间界面缺陷态对太阳电池光伏性能的影响

分别针对 PN 结构以及 NP 结构的 HIT 太阳电池，模拟非晶硅发射层与单晶硅之间的界面缺陷对电池性能的影响。模拟过程中保持发射层的掺杂浓度及厚度分别为 $N_a = 1 \times 10^{19}\ \text{cm}^{-3}$ 和 5 nm，模拟结果见表 4.7。从表中可以看出，不管是对 PN 结还是 NP 结，界面缺陷态对开路电压的影响是最大的。这主要是因为界面缺陷态使反向饱和电流增加，根据式（1.15）可知，电池的开路电压降低。从表 4.7 中还可以看出，当没有界面缺陷态时，两种太阳电池的开路电压是相同的；然而，当有界面缺陷态时，NP 结的开路电压明显低于 PN 结的开路电压。这说明界面缺陷态对 NP 结的开路电压影响更大。这主要是因为 PN 结表面的单晶硅反转层能更好地抑制界面载流子的复合，因此与 NP 结相比，PN 结具有更低的复合电流[111]。

表 4.7 几种情况下 HIT 太阳电池的光伏性能比较

不同情况的 HIT 太阳电池	V_{oc} /V	J_{sc} /mA · cm^{-2}	FF	Eff/%
没有界面缺陷态的 PN 结	0.950	37.974	0.797	28.763
没有界面缺陷态的 NP 结	0.950	37.727	0.796	28.533
有界面缺陷态的 PN 结	0.762	37.975	0.850	24.588
有界面缺陷态的 NP 结	0.739	37.729	0.852	23.755

4.3 HIT 太阳电池 TCO 与非晶硅界面势垒的模拟研究

4.3.1 TCO/P⁺界面势垒对太阳电池光伏性能的影响

双面 HIT 太阳电池的前接触是非常重要的。设 E_C、E_V 和 E_g 分别表示 P^+层非晶硅的导带顶、价带底和带隙，在 TCO 与非晶硅接触时，二者的费米能级 E_F 处于同一能量水平线上，则电子和空穴在界面处的接触势垒高度 E_N 和 E_P 可分别表示为[112]

$$E_N = E_C - E_F = W_{TCO} - \chi \tag{4.31}$$

$$E_P = E_F - E_V \tag{4.32}$$

$$E_P + E_N = E_g \tag{4.33}$$

式中，χ 为 P^+层非晶硅的电子亲和能。

这里模拟研究了 TCO/P^+界面不同接触势垒高度 E_N 对太阳电池性能的影响，E_N 的变化范围为 1.1～1.8 eV，相应的 TCO 功函数的变化范围为 4.9～5.6 eV，如图 4.11 所示。从图中可看出随着前接触势垒 E_N 的增大，电池的短路电流、开路电压和填充因子都明显提高，从而导致电池的转换效率从 15.752%增加至

24.871%。从能带图 4.12 中可看出，短路电流和填充因子的提高是由于 E_N 越大（如 E_N = 1.8 eV），则 E_P 越小，界面处导带和价带都向上弯曲，形成对电子的反射作用，使电子不易通过 TCO/P^+ 界面；而对于空穴则形成欧姆接触，使串联电阻减少，有利于前接触 TCO 收集空穴，电池的短波响应变好，如图 4.13 所示。当 E_N = 1.6 eV 时，前接触接近平带；若 E_N 继续减小，则能带向下弯曲，此时对短路电流和填充因子将产生负面影响，使电池转换效率降低。随着 E_N 的增大，PN 结内建电势变大[64]，而由文献［61］知开路电压可以简单近似地表达为内建电势与复合影响之差，因而电池的开路电压得到改善，从 0.588 V 增加到了 0.765 V。由以上分析可知，E_N 越大，即前接触 TCO 的功函数越大，则电池性能越好，故双面 HIT 电池前端应尽量采用功函数大的 TCO。目前，最常用的 TCO 是氧化铟锡（ITO），其功函数变化范围为 4.3~5.5 eV[64,113]，已经基本能够满足电池前接触的要求。

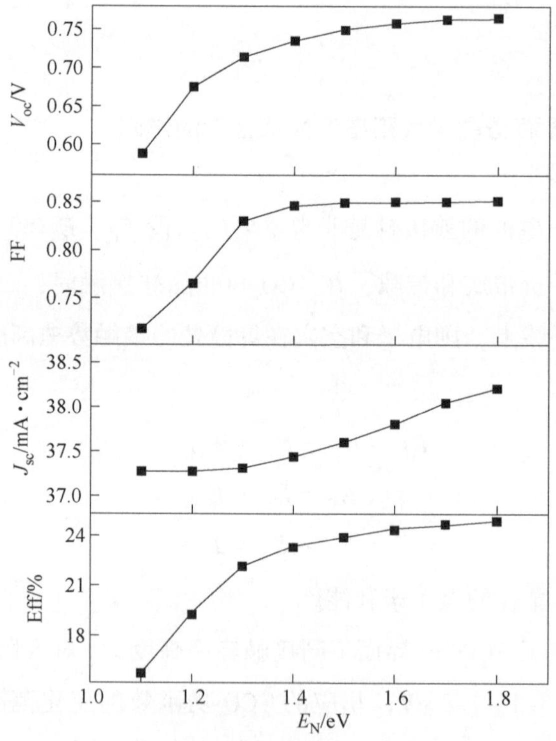

图 4.11　TCO/P^+界面势垒高度对太阳电池性能的影响

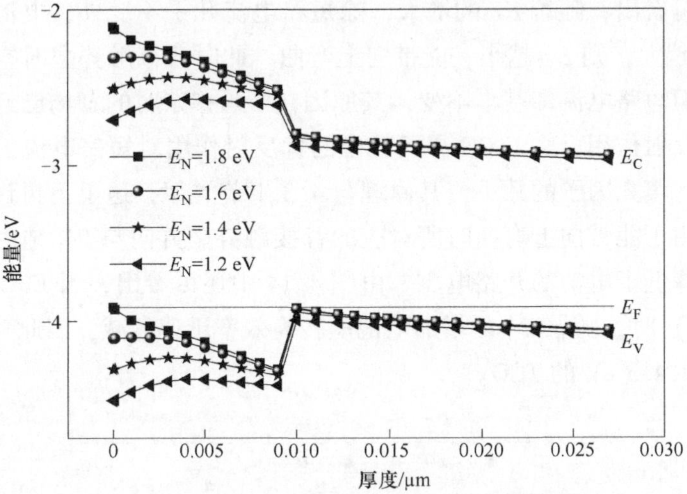

图 4.12 不同 TCO/P⁺界面势垒高度时的能带图

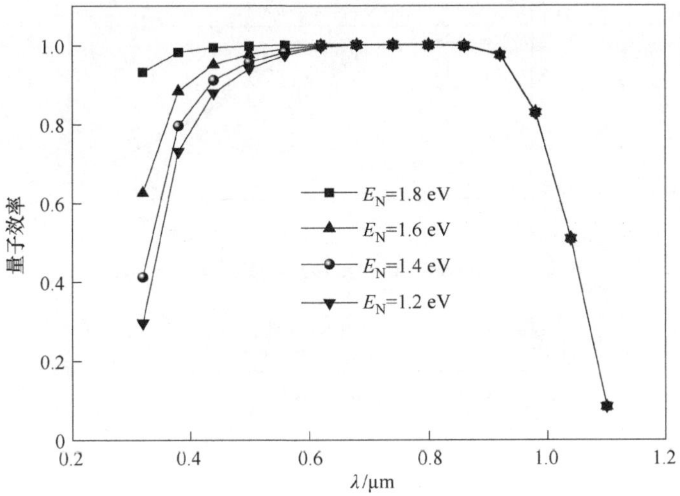

图 4.13 不同 TCO/P⁺界面势垒高度时的光谱响应

4.3.2 N^+/TCO 界面势垒对太阳电池光伏性能的影响

双面 HIT 太阳电池的背接触也是非常重要的。在前接触 TCO 的功函数为 1.67 eV（此时前接触为平带）以及背场掺杂浓度为 $N'_d = 1 \times 10^{19}$ cm^{-3}的条件下，模拟了背接触 N^+/TCO 界面势垒 E_N 对太阳电池光伏性能的影响，如图 4.14 所示。从图中可看出，随着 E_N 的增大，除短路电流几乎不变外，电池的其他参数均减小。E_N 越大，则 E_P 越小，能带向上弯曲，此时背接触势垒对空穴的背反射作用减小，但短路电流却基本不变，其原因在于重掺杂时的背场已经对空穴产生了很好的背反射作用，N^+/TCO 界面势垒的背反射作用对短路电流的影响就可以近似忽略了。填充因子的减小，其原理与 4.3.1 节类似，这里不再讨论。开路电压的减小是由于能带向上弯曲时所对应的背接触势垒方向与 PN 结内建势垒方向相反，因而降低了电池的开路电压。由图 4.14 中还可看出，当 E_N >0.5 eV（即 ϕ > 4.3 eV）时，随着 E_N 的增加电池的转换效率迅速衰减，因此背接触应该选择功函数 ϕ ≤4.3 eV 的 TCO。

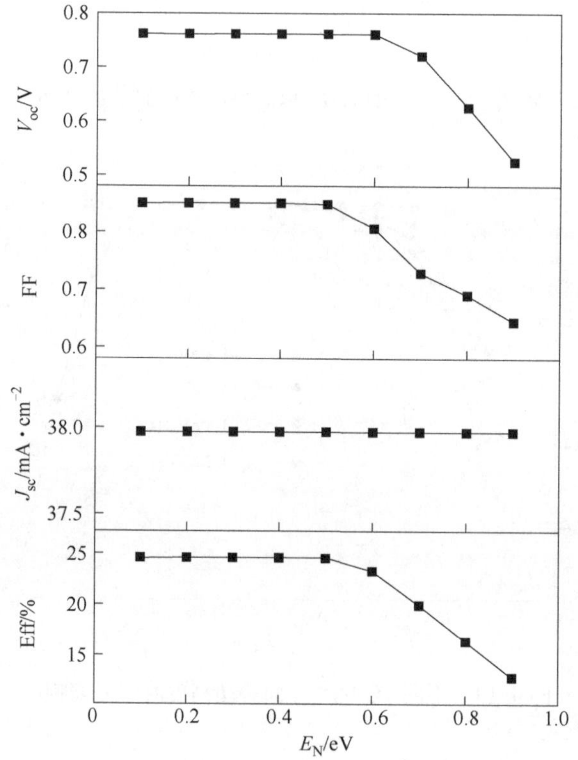

图 4.14　N^+/TCO 界面势垒高度对太阳电池性能的影响

上面讨论的是背场掺杂浓度 N_d' 一定，且是重掺杂时，N^+/TCO 界面势垒对电池性能的影响。下面将讨论不同背场掺杂浓度时，N^+/TCO 界面势垒对电池性能的影响。图 4.15 分别模拟了背接触是平带（即不考虑背接触势垒的影响）以及背接触势垒 E_N = 0.11 eV，0.60 eV（即 ϕ = 3.91 eV，4.40 eV）时，背场掺杂浓度对电池性能的影响。模拟结果表明，当背接触是平带时，如果背场掺杂浓度 $N'_d < 1 \times 10^{18}\ cm^{-3}$，则背场的费米能级与导带的距离明显变大，如图 4.16（a）所示。此时价带补偿对空穴的背反作用下降，而导带补偿对电子的阻碍作用增强，甚至在 N/N^+ 界面形成与 PN 结内建电势方向相反的接触势垒，导致电池的各项参数迅速衰减。当 $N'_d = 5\times10^{17}\ cm^{-3}$ 时，电池的转换效率只有 18.091%。当背接触势垒很小（如 $E_N = 0.11\ eV$）时，尽管在背场掺杂浓度较低的情况下（如 $N'_d = 5\times10^{17}\ cm^{-3}$），由于 E_N 对能带的良性影响，使热平衡时低掺杂与重掺杂的背场能带基本重合，如图 4.16（b）所示，因而电池在高低掺杂时能达到相同的转换效率 24.588%，明显高于背场为平带时的转换效率。同理，当背接触势垒较大（如 $E_N = 0.60\ eV$）时，尽管背场是重掺杂（如 $N'_d = 1 \times 10^{19}\ cm^{-3}$），由于 E_N 的负面影响，太阳电池的转换效率也只能达到 23.297%。由以上分析知，背接触 E_N 越小，即背面 TCO 的功函数越小，对背场的掺杂浓度的要求就越低，因而开发更低功函数的 TCO 是非常有意义的[114]。

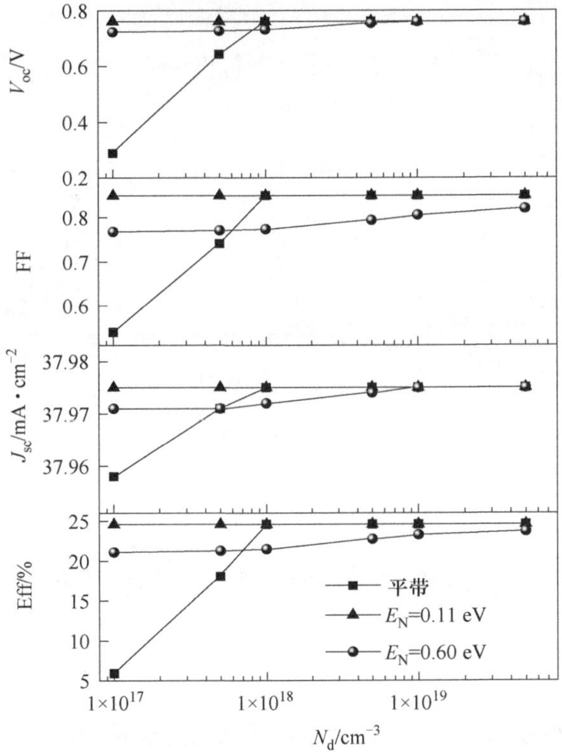

图 4.15 不同背场掺杂浓度时 E_N 对太阳电池性能的影响

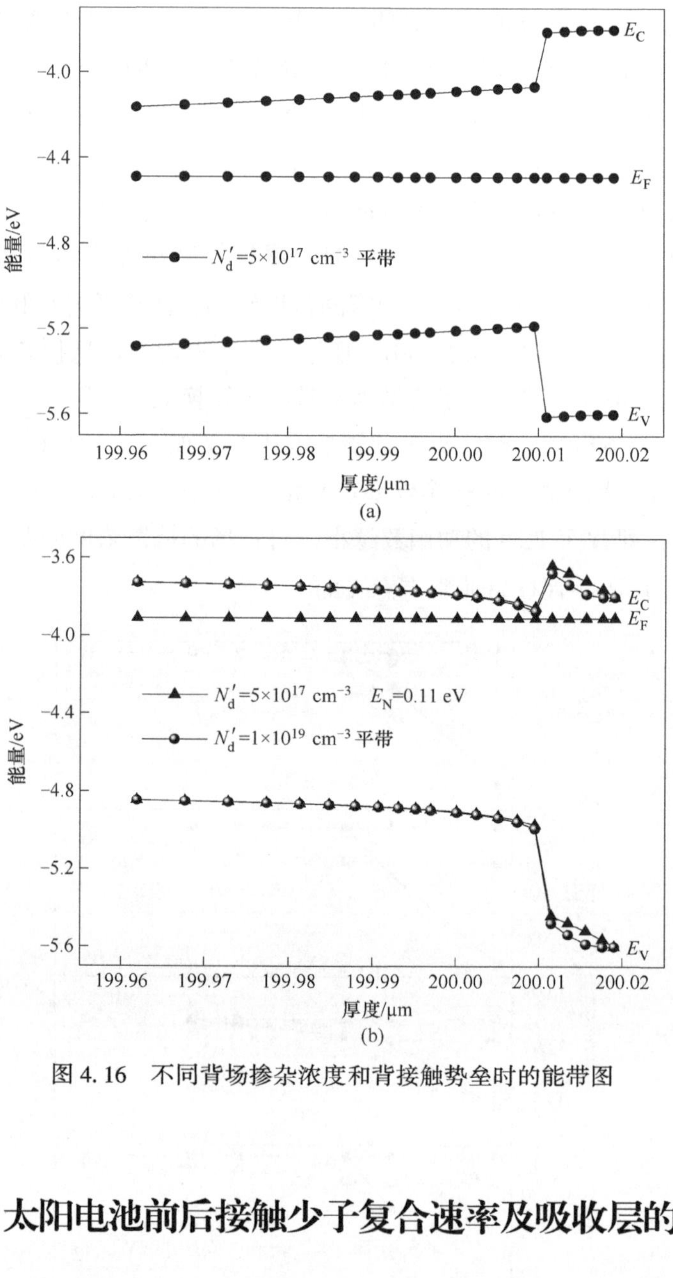

图 4.16　不同背场掺杂浓度和背接触势垒时的能带图

4.4　HIT 太阳电池前后接触少子复合速率及吸收层的模拟研究

4.4.1　前后接触少子复合速率对 HIT 太阳电池光伏性能的影响

对于 HIT 太阳电池，TCO/a-Si:H(P^+) 前接触和 c-Si(N)/Al 背接触的少子

复合速率对太阳电池的光伏性能具有一定的影响，但二者的影响程度是不同的。图 4.17 中模拟了背接触少子空穴复合速率保持 1×10^7 cm/s 不变，前接触少子电子复合速率对太阳电池光伏性能的影响，以及前接触少子电子复合速率保持 1×10^7 cm/s 不变，背接触少子空穴复合速率对太阳电池光伏性能的影响。从图中可以看出，随着前接触复合速率的增大，太阳电池的短路电流只微小降低（由 34.573 mA/cm² 降至 34.289 mA/cm²），开路电压和填充因子没有变化，故电池的转换效率也只微小降低（由 18.779%降至 18.618%）。图 4.17 中显示，与电池的前接触相比，电池的背接触少子复合速率对电池的光伏性能影响较大。这是因为非晶硅发射层很薄，产生的光生少子电子较少，因而扩散到前接触的少子较少，故前接触少子复合速率的影响很小；然而，基区单晶硅较厚，产生的光生少子空穴较多，且内部缺陷较少，导致内部复合较少，因而能扩散到背接触处的少子空穴相对较多，故背接触处的少子复合速率对电池的光伏性能影响更大。从图 4.17 中还可以看出，随着背接触少子复合速率的增大，开路电压则由 0.762 V 衰减到了 0.650 V，由式（4.34）可知，这主要是复合电流增大导致的。

$$V_{oc} = V_{in} - R_{ei} \tag{4.34}$$

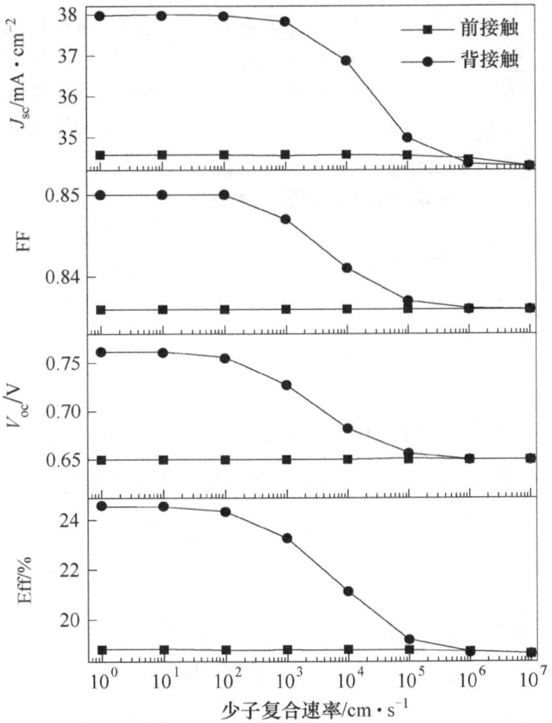

图 4.17 前后接触少子复合速率对太阳电池光伏性能的影响

式（4.34）是文献［61］中所提到的一种简单表述，即太阳电池的开路电压 V_{oc} 等于内建电势 V_{in} 和复合影响 R_{ei} 的差值。填充因子则随着开路电压的降低而降低[110]，由 0.850 衰减到了 0.836。电池的短路电流大幅度衰减（由 37.975 mA/cm^2 衰减到了 34.289 mA/cm^2），这主要是由于较多空穴在背接触处的复合导致空穴电流降低，从而引起总电流的降低，如图 4.18 所示。图中对比了背接触空穴复合速率分别为 0 和 1×10^7 cm/s 时的电子电流、空穴电流和总电流的大小，可以看出高背接触复合速率引起的空穴电流的衰减。综上导致随着背接触空穴复合速率的增大，电池的转换效率由 24.589%降至 18.618%。由此可看出，加强背接触钝化质量，降低 HIT 太阳电池背接触少子复合速率，对提高电池的转换效率是非常必要的。

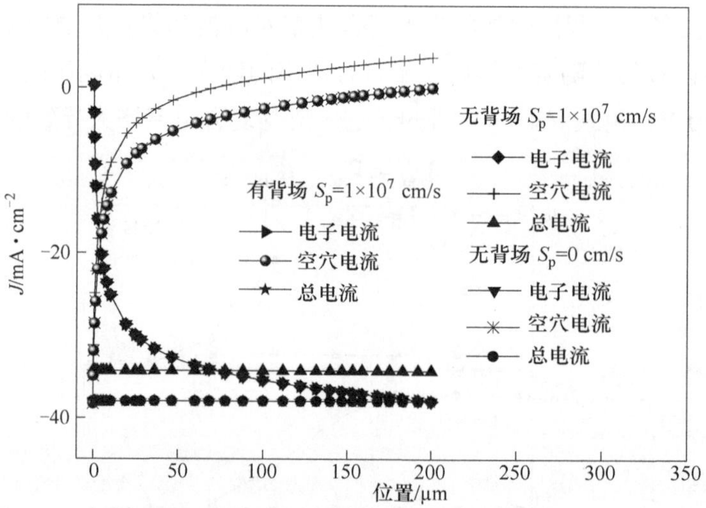

图 4.18　不同背接触时的电流比较

为 HIT 太阳电池增加重掺杂的 N 型非晶硅背表面场后，如图 4.18 所示，模拟中发现，无论背接触空穴复合速率如何变化，电池的光伏性能不变，转换效率都为 24.589%，这与无非晶硅背场且背接触复合速率为 0 时 HIT 电池的转换效率相同。由此可以看出，理想的背场对少子空穴起到了很好的背反射作用，基本上没有空穴到达背接触处，这一点从图 4.18 中也可判断出，有非晶硅背场时，尽管背接触处的复合速率很高为 10^7 cm/s，但此时的空穴电流与无非晶硅背场且背接触为 0 时的空穴电流相等。因而增加非晶硅背场后无论背接触的复合速率如何变化，电池的光伏性能没有变化。可见，HIT太阳电池的非晶硅背场起到了良好的背表面钝化作用。

4.4.2 吸收层对HIT太阳电池光伏性能的影响

4.4.2.1 吸收层厚度对HIT太阳电池光伏性能的影响

对于图4.2所示的单面HIT太阳电池，基区单晶硅作为太阳电池的光吸收层，其厚度对太阳电池光伏性能具有一定的影响，而且这种影响与单晶硅的隙间缺陷态密度以及电池的背接触少子复合速率关系密切。图4.19中分别模拟对比了单晶硅的隙间缺陷态密度 N_{md} 高低（以 $N_{md}=3.0\times10^{12}\ cm^{-3}\cdot eV^{-1}$ 和 $1.9\times10^{11}\ cm^{-3}\cdot eV^{-1}$ 为例）以及背接触少子空穴复合速率 S_p 高低（以 $S_p=1\times10^7$ cm/s 和10 cm/s为例）时，吸收层厚度对HIT太阳电池光伏性能的影响。图4.19（a）中的模拟结果表明，当背接触复合速率较低为 $S_p=10$ cm/s时，若隙间缺陷态密度 N_{md} 不同，则吸收层厚度对太阳电池的光伏性能影响是不同的。当吸收层的隙间缺陷态密度较高为 $N_{md}=3.0\times10^{12}\ cm^{-3}\cdot eV^{-1}$ 时（以下简称情况A），开路电压随着基区厚度的增加明显降低，由0.756 V降低到0.746 V；而当吸收层单晶硅的隙间缺陷态密度较低为 $N_{md}=1.9\times10^{11}\ cm^{-3}\cdot eV^{-1}$ 时（情况B），随着吸收层厚度的增加，开路电压由50 μm时的0.759 V增加到150 μm时的0.761 V，之后不再增大。以上结果是因为当背接触复合速率较低且单晶硅隙间缺陷态密度较高时，少数载流子的复合以隙间复合为主，因而随着单晶硅厚度的增加，隙间少数载流子复合增加，从而导致开路电压显著降低。而当背接触复合速率和单晶硅隙间缺陷态密度都较低时，背接触复合速率的影响稍大，因而随着吸收层厚度的增加，到达背接触处的少数载流子减少，从而导致复合电流略微降低，开路电压有微小增加。无论吸收层单晶硅的隙间缺陷态密度高或者低，随着单晶硅厚度的增加，光生载流子都是增多的，因而两种情况的短路电流都明显增加。以上结果导致，在情况A的条件下，HIT太阳电池的转换效率在150 μm处达到峰值，之后随着单晶硅厚度的增加，转换效率反而降低；在情况B的条件下，电池的转换效率将随着单晶硅厚度的增加而增大，当然当吸收层厚度超过了其少数载流子扩散长度后，再增加单晶硅的厚度就没有任何意义了[26]。图4.19（b）中的模拟结果表明，保持背接触复合速率较高为 $S_p = 1\times10^7$ cm/s 时，无论隙间缺陷态的密度较高为 $N_{md} = 3.0\times10^{12}$ $cm^{-3}\cdot eV^{-1}$（情况 C）或较低为 $N_{md} = 1.9\times10^{11}$ $cm^{-3}\cdot eV^{-1}$（情况 D）时，HIT 太阳电池的短路电流和开路电压都随着单晶硅厚度的增加而单调递增，于是导致电池的转换效率单调递增。这主要是因为当电池的背接触复合速率很高时，少数载流子在背接触处的复合将比隙间复合显著得多，因此背接触处的复合将占主要地位，这与情况 B 相似。随着单晶硅厚度的增加，能够扩散到背接触处的少子空穴将减少，因此占主要地位的背接触处的复合减少，开路电压升高。当然，单晶硅厚度增加，电池的短路电流仍然增大。故情况 C 和情况 D 电池的转换效率都单调递增。

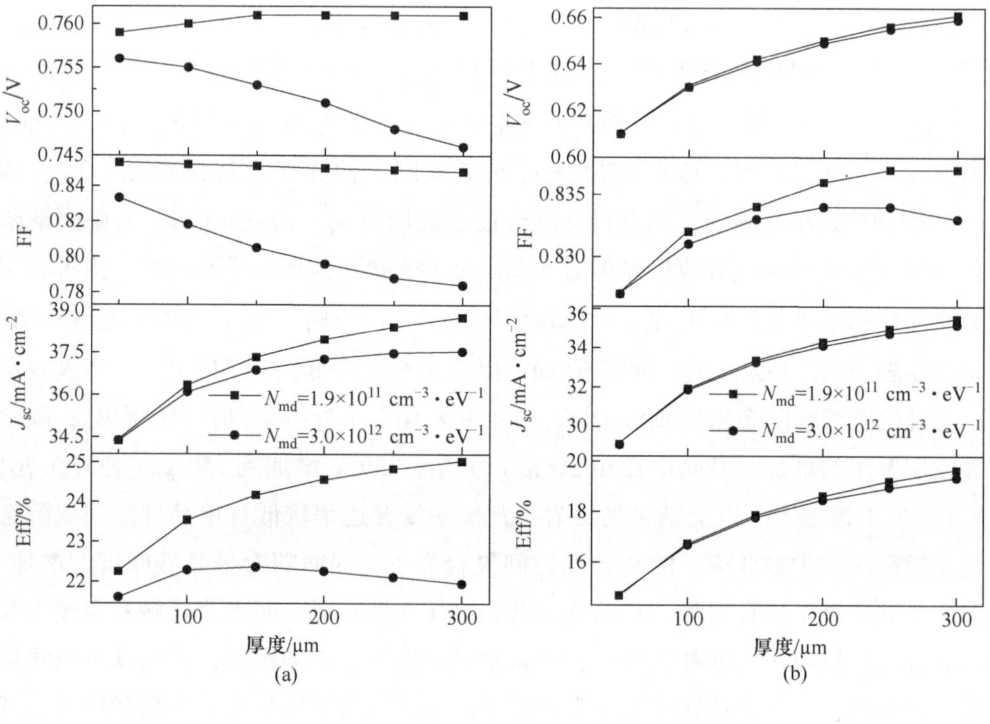

图 4.19　吸收层厚度对 HIT 太阳电池光伏性能的影响

（a）$S_p = 10$ cm/s；（b）$S_p = 1\times10^7$ cm/s

以上开路电压的变化情况与文献［69］中的实验结果基本符合。综上所述，当背接触处的复合占主要地位时，即情况 B、C 和 D，则随着吸收层单晶硅厚度的增加，电池的转换效率单调递增；当单晶硅内部隙间缺陷复合占主要地位时，即情况 A，则随着吸收层单晶硅厚度的增加，电池的转换效率并非单调变化，而是在某一厚度处达到峰值，图 4.3（a）中有非晶硅背场的太阳电池可以看成是情况 A 的特例。因此 HIT 电池的吸收层单晶硅并非越厚电池的转换效率越高，应视具体情况而定。

目前，单晶硅先进的切割工艺扩大了对单晶硅片厚度的选择范围。内圆切割机所切割的单晶硅片厚度在 350 μm 左右，线切割片的厚度最小可达到 200 μm 左右，压力诱导剥离方法（Stress-induced Lift-off Method）可以生产出厚度为 40～50 μm的超薄单晶硅片[115]，智能剥离技术（注氢技术）可以控制硅膜厚度在十几微米左右[116]。因此可视具体情况的需要选择合适的单晶硅片厚度。

4.4.2.2 吸收层少子迁移率对 HIT 太阳电池光伏性能的影响

吸收层 N 型单晶硅的质量决定了其少数载流子迁移率的大小。在背接触少子复合速率不同时，吸收层少子空穴迁移率对 HIT 太阳电池光伏性能的影响是不同的。图 4.20 中模拟了背接触少子复合速率较高（如 $S_p=1\times10^7$ cm/s 且无非晶硅背场）以及较低（如 $S_p=0$ cm/s，即加上非晶硅背场的理想情况）时，吸收层空穴迁移率对电池性能的影响。模拟发现，无论少子复合速率高或低时，电池的短路电流都会随着空穴迁移率的增加而增大。这是因为根据式（4.35）[17]可知，空穴迁移率的增加，使空穴的扩散长度增大，因而能被 PN 结有效收集的空穴增加，故短路电流增大。

$$L_p = \sqrt{D_p\tau_p} = \sqrt{\frac{kT}{q}\mu_p\tau_p} \tag{4.35}$$

式中，L_p、μ_p 和 τ_p 分别表示少子空穴的扩散长度、迁移率和寿命。当 $S_p=1\times10^7$ cm/s 时，开路电压随着少子迁移率的增大而明显衰减，如图 4.20（a）所示；而当 $S_p=0$ cm/s 时，随着少子迁移率的增大，开路电压基本不变，如图 4.20（b）所示。这是因为少子空穴迁移率的增加，使空穴扩散长度增大，于是到达背接触处的空穴增多，若背接触处的复合速率高，则复合电流大，因此开路电压明显减小，这种现象在文献［67］中也有提到；但若增加理想的背场，相当于背接触复合速率接近零，则尽管到达背接触处的空穴增多，但复合电流基本不变，故开路电压不变。以上结果导致 HIT 太阳电池背接触复合速率高时，随着少子空穴迁移率的增大，电池的转换效率反而降低；而当背接触复合速率低时，随着少子迁移率的增大，电池的转换效率升高[117]。

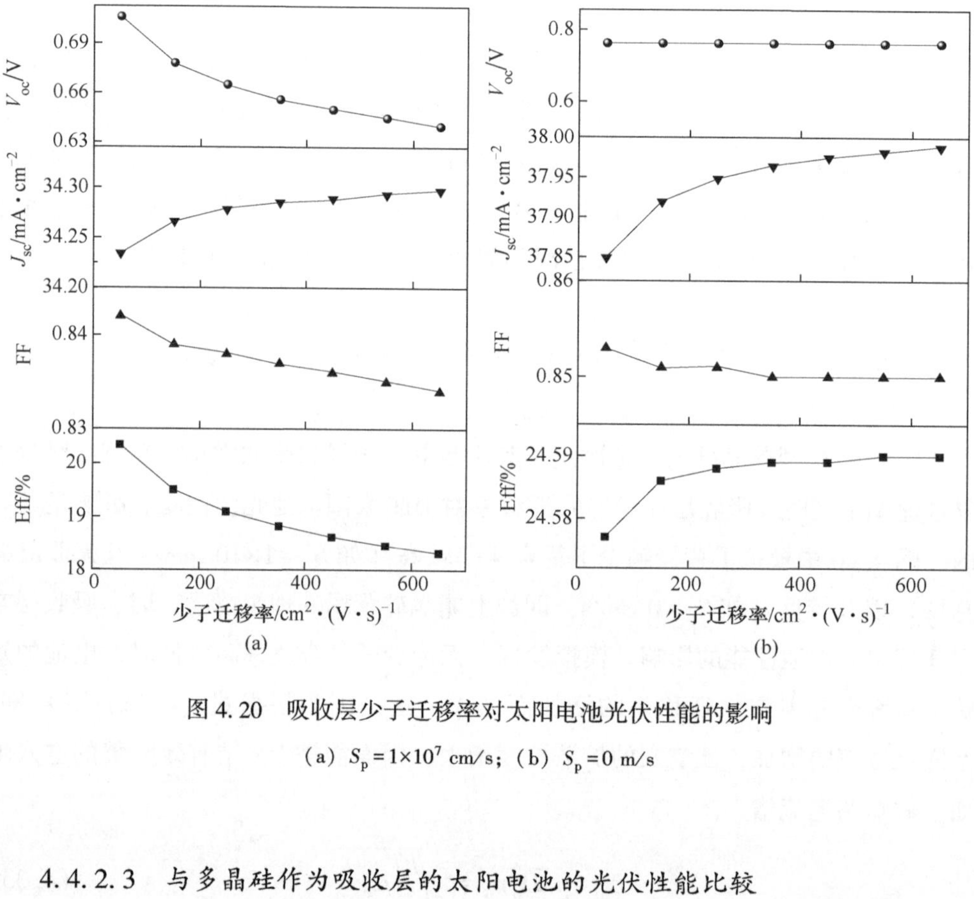

图 4.20　吸收层少子迁移率对太阳电池光伏性能的影响

（a）$S_p = 1\times10^7$ cm/s；（b）$S_p = 0$ m/s

4.4.2.3　与多晶硅作为吸收层的太阳电池的光伏性能比较

设计多晶硅为吸收层的非晶硅/单晶硅异质结太阳电池，与多晶硅为吸收层的太阳电池的光伏性能进行比较。多晶硅薄膜太阳电池很难同时获得高的开路电压和转换效率，因此为同时提高太阳电池的转换效率和开路电压，A. Q. Chen 等设计了非晶硅(P^+)/多晶硅(N)（即 a-Si(P^+)/poly-Si(N)）薄膜太阳电池，并用美国宾州大学研发的 AMPS（Analysis of Microelectronic and Photonic Structures）程序模拟分析了多晶硅层的厚度、掺杂浓度等对此种太阳电池性能的影响[118]。

但目前，对非晶硅/多晶硅太阳电池的报道并不多，因而其结构仍有待于进一步优化。以下设计了非晶硅(P^+)/多晶硅(N) 太阳电池，并为此电池增加了一层重掺杂的非晶硅（N^+）层作为电池的背场，利用 AMPS 程序模拟对比了有无背场时电池的光伏性能以及有无背场时多晶硅吸收层厚度对电池性能的影响。

非晶硅(P^+)/多晶硅(N) 的电池结构简图如图 4.21 所示，增加非晶硅(N^+) 背场后的电池结构简图如图 4.22 所示。其中，非晶硅(P^+) 层为电池的窗口层，多晶硅（N）层为对太阳光的吸收层，电池两端为 TCO（透明导电氧化物薄膜），帮助收集横向电流。

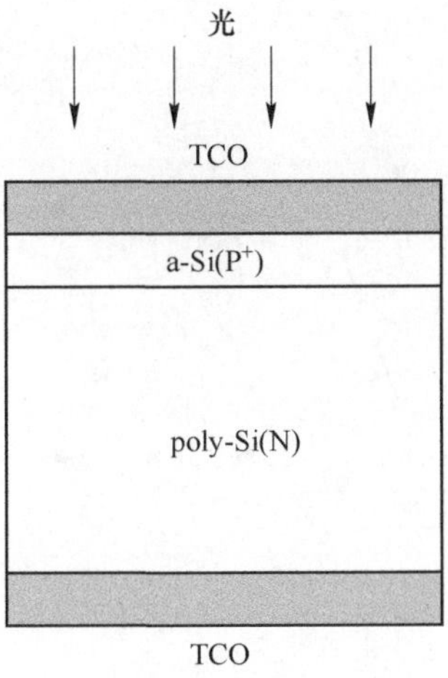

图 4.21 a-Si(P^+)/poly-Si(N) 太阳电池

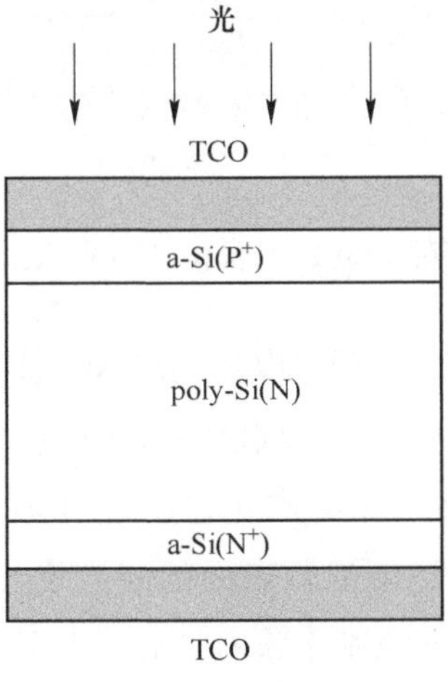

图 4.22 a-Si(P^+)/poly-Si(N)/a-Si(N^+) 太阳电池结构

首先讨论了对非晶硅/多晶硅太阳电池吸收层多晶硅厚度的优化。从图 4. 23 中可以看出，随着多晶硅薄膜厚度的增加，电池的开路电压和填充因子增大，当薄膜厚度达到 15 μm 时，开路电压和填充因子达到饱和值，分别为 0. 547 V 和 0. 793 V。电池的短路电流最初随多晶硅薄膜厚度的增加而显著增加，当薄膜厚度达到 15 μm 时，短路电流达到最大值 7. 944 mA/cm^2，之后薄膜厚度继续增加而短路电流的变化微乎其微。

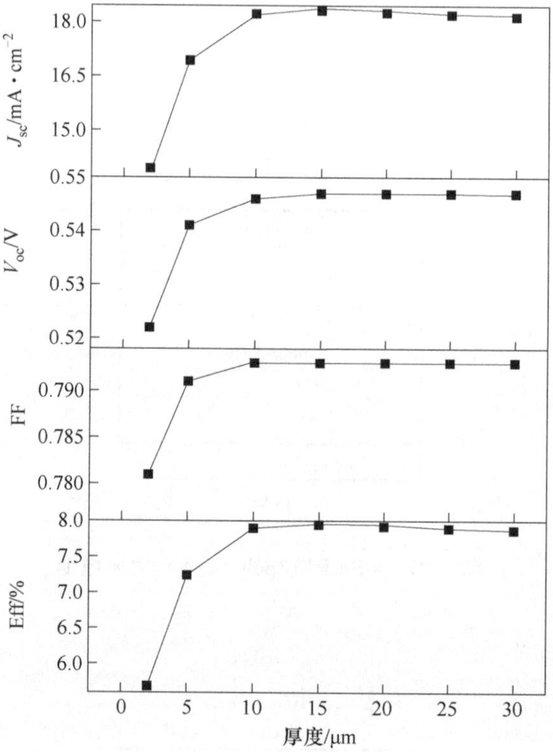

图 4. 23　吸收层厚度对 a-Si(P$^+$)/poly-Si(N) 太阳电池光伏性能的影响

分析以上结果产生的原因，开路电压的增加，主要是因为随着多晶硅薄膜厚度的增加，到达电池背接触处的少数载流子空穴减少，因而使背表面的复合减少，即反向饱和电流 J_0 减小，根据式（1. 15）可知，电池的开路电压升高；当薄膜厚度达到 15 μm 时，到达电池背表面的空穴已经很少，因而复合电流较小；进一步增加薄膜厚度，复合电流基本没有变化，故开路电压不再有变化。而根据式（1. 22）可知，开路电压的增加，导致填充因子也随之增加。随着吸收层厚度的增加，光生载流子数量增加，因而短路电流提高；但当吸收层厚度达到 15 μm 时，再增加厚度，短路电流不会增加，这是因为少子扩散长度有限，尽管产生了更多的光生载流子，但已经不能被 PN 结有效收集，故再增大吸收层厚度就没有意义了。综上所述，非晶硅(P^+)/多晶硅(N) 太阳电池在吸收层厚度为 15 μm 时，转换效率达到最大值为 7.944%。

为进一步提高非晶硅(P^+)/多晶硅(N) 太阳电池的转换效率，在多晶硅后面设计增加了一层厚度为 5 nm 的重掺杂 N 型非晶硅薄层作为背表面场。此背表面场的作用，主要是与多晶硅薄层形成高低结，其中价带失配 ΔE_V 对 N 区少子空穴起到了阻挡和反射的作用，使没有被 PN 结收集的空穴重新有机会被收集，同时也减少了少子空穴在背接触处的复合，因而有利于提高太阳电池的短路电流和开路电压。虽然导带失配 ΔE_C 对多子电子有阻碍作用，但由于 ΔE_C 较小，电子基本上可以隧穿通过 ΔE_C，因此这种负作用很小，甚至可以忽略。为了进一步说明背场的作用，图 4.24 中描述了非晶硅(P^+)/多晶硅(N) 电池有无背场时电子–空穴产生率的比较（以多晶硅薄层为 5 μm 时为例）。从图中可以看出，两种情况下电子–空穴的产生率是基本相同的，这是因为背场很薄，因而它对电子–空穴的产生率基本没有影响。从图 4.25 中可以看出，增加背场后，虽然电子–空穴的产生率没有变化，但太阳电池的空穴电流明显增大，而电子电流却有微小降低，这充分验证了上述提到的增加背场后价带失配 ΔE_V 对空穴较强的正面作用

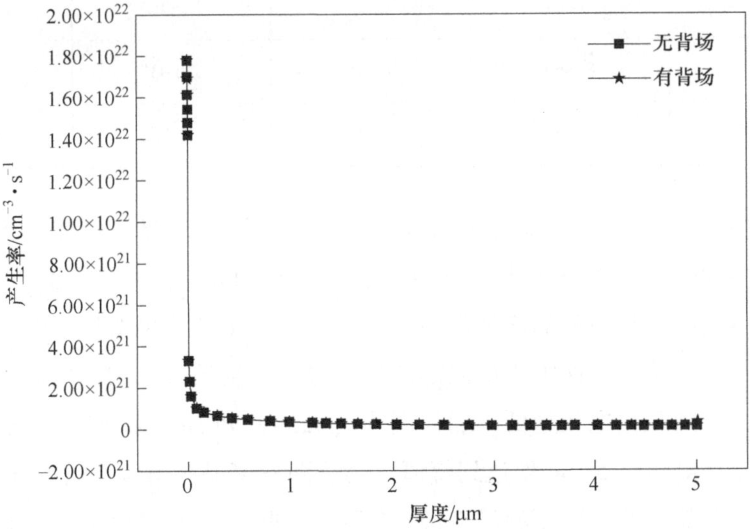

图 4.24 电池有无背场时电子–空穴产生率比较

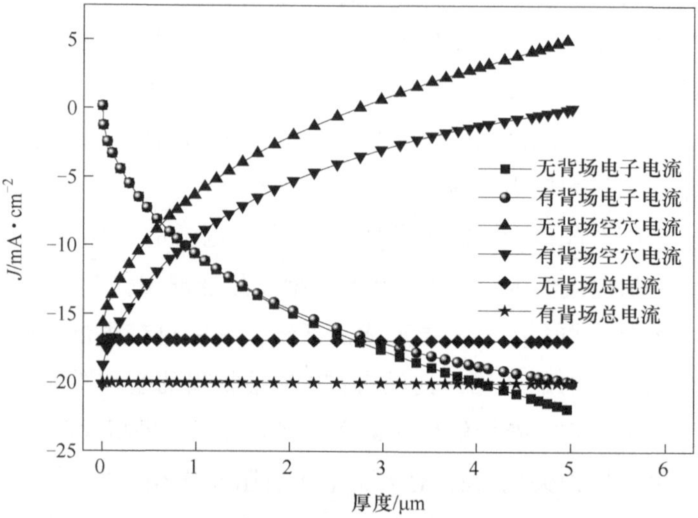

图 4.25　电池有无背场时几种电流的比较

以及导带失配 ΔE_C 对电子微弱的负面影响，从而导致电池的总电流显著提高。在表 4.8 中，具体模拟对比了有无背场时非晶硅/多晶硅太阳电池的光伏性能。从模拟结果可以看出，增加背场后，电池的光伏性能确有明显改善。

表 4.8　有无背场时非晶硅/多晶硅太阳电池光伏性能的比较

太阳电池	η /%	V_{oc} /V	I_{sc} /mA	FF
有背场	8.865	0.556	20.033	0.796
无背场	7.237	0.541	16.933	0.791

有背场时，非晶硅/多晶硅太阳电池的吸收层厚度对光伏性能的影响，与无背场时是不同的。图 4.26 中模拟了此种影响。从图 4.26 中可看出，电池的开路电压随着多晶硅薄膜厚度的增加而降低，这主要是由于为电池增加背场后，背接触处载流子复合减少，而吸收层内部的复合将占主要地位，因而吸收层越厚，复合电流越大，则开路电压越低。而根据式（4.29）可知，填充因子也随之降低。而电池的短路电流在 5 μm 处达到峰值，之后随着多晶硅薄膜厚度的增加而降低。这是因为当多晶硅薄膜厚度超过 5 μm 之后，吸收层内部复合增加，到达背面场处的少数载流子减少，因而背场的反射作用削弱，从而短路电流降低。电池在多

晶硅层厚度为 5 μm 时转换效率最高为 8.865%。由此可见，为非晶硅/多晶硅增加背场后，不但电池的转换效率明显提高，而且大大节约了材料。

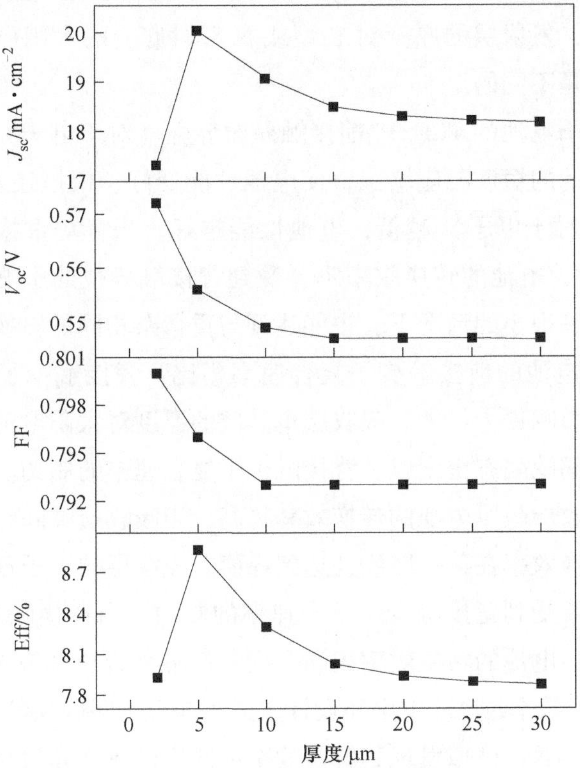

图 4.26 吸收层厚度对有背场的非晶硅/多晶硅太阳电池光伏性能的影响

从表 4.8 可以看出增加背场并优化后的以多晶硅为吸收层的异质结太阳电池其转换效率最高为 8.865%。而从表 4.6 中可以看出有背场的以单晶硅为吸收层的异质结太阳电池其转换效率为 24.588%，明显高于多晶硅作为吸收层的太阳电池。但是电池中多晶硅的厚度仅为 5 μm，而单晶硅的厚度为 200 μm，而且多晶硅的制造成本较低，因此以多晶硅为吸收层有利于降低太阳电池的成本[119]。目前，HIT 太阳电池也正在向减少衬底厚度的方向发展。

利用美国宾州大学开发的 AMPS 软件对电池进行模拟分析，得出下列结论：

（1）当非晶硅发射层的隙间缺陷态密度大于发射层掺杂浓度并达到一定程度时，太阳电池的开路电压和填充因子将大幅度降低，从而使电池的转换效率迅速衰减。发射层的带隙越大，则电池的短路电流越大，而带尾宽度越宽，电池的开路电压越低，二者应达到最佳的匹配值才能使太阳电池达到更高的转换效率，故发射层在采用宽带隙非晶硅碳的同时，必须保证其沉积质量，这样才能使电池的转换效率进一步提高。在保证结的质量的前提下，发射层越薄越好，但当发射层高或低掺杂时，发射层的厚度对 P 型或 N 型衬底上的太阳电池的各具体光伏参数的影响趋势是不同的。

（2）HIT 太阳电池的 TCO/P^+前接触界面势垒（对于电子）越高，越易形成欧姆接触，且电池的短波响应增强，使电池性能变好。模拟还发现，N^+/TCO 背接触界面势垒（对于电子）越低，电池性能越好。当背场重掺杂，背接触势垒不大于 0.5 eV 时，电池的转换效率不会受到背接触势垒的影响；当背场低掺杂时，在背接触势垒很小的情况下，也能达到与重掺杂相同的转换效率。

（3）与太阳电池的前接触少子复合速率相比，背接触少子复合速率对太阳电池光伏性能的影响更为显著。吸收层单晶硅的厚度对太阳电池光伏性能的影响要受到单晶硅隙间缺陷态密度以及背接触少子复合速率的制约。当背接触复合占主要地位时，吸收层越厚电池的转换效率越高；当吸收层隙间缺陷复合占主要地位时，电池的转换效率在某一厚度处达到峰值。吸收层的少子迁移率对太阳电池性能的影响，也要受到背接触少子复合速率的制约。当背接触复合速率较低时，少子迁移率越大，电池的转换效率越高；当背接触复合速率较高时，少子迁移率越小，电池的转换效率越高。本书还设计了以多晶硅为吸收层的有背场的非晶硅/多晶硅太阳电池，通过模拟发现其转换效率远低于以单晶硅为衬底的太阳电池。

参考文献

[1] 戴德立 . BP 2030 世界能源展望 [R]. 英国：英国石油公司，2013.

[2] 铁剑锐 . PECVD 制备非晶硅薄膜及其对 HIT 太阳电池性能的影响 [D]. 北京：北京交通大学，2011.

[3] 王克强，左娜，刘红梅 . 国际能源发展趋势分析 [J]. 上海财经大学学报，2009，11 (6)：57-59.

[4] 江泽民 . 对中国能源问题的思考 [J]. 上海交通大学学报，2008，42 (3)：17-20.

[5] 张燕 . N 型衬底 HIT 太阳电池计算机模拟及本征层钝化作用研究 [D]. 天津：河北工业大学，2008.

[6] 国家统计局能源统计司 . 中国能源统计年鉴 [M]. 北京：中国统计出版社，2012.

[7] 刘金朋 . 基于资源与环境约束的中国能源供需格局发展研究 [D] . 北京：华北电力大学，2013.

[8] 邓志茹 . 我国能源供求预测研究 [D]. 哈尔滨：哈尔滨工程大学，2011.

[9] 中电联行业发展规划部 . 中国新能源发电发展研究报告 [N]. 中国电力报，2012 (3).

[10] United Nations Development Programme. World Energy Assessment [M]. New York: UNDP, 2000.

[11] Antonio L, Steven H. Handbook of Photovoltaic Science and Engineering [M]. USA: Wiley, 2001.

[12] Martin A G, Keith E, Yoshihiro H, et al. Solar cell efficiency tables (version 42) [J]. Progress in Photovoltaic, 2013, 21 (5): 827-837.

[13] 熊绍珍，朱美芳 . 太阳能电池基础与应用 [M]. 北京：科学出版社，2009.

[14] 史少飞，吴爱民，张学宇，等 . HIT 太阳能电池的发展概况 [J]. 材料导报，2011，25 (7)：130-133.

[15] Makoto T, Mikito T, Takao M, et al. Development of new a-Si/c-Si heterojunction solar cells: ACJ-HIT (artificially constructed junction-heterojunction with intrinsic thin layer) [J]. Japanese Journal of Applied Physics, 1992, 31 (11): 3518-3522.

[16] Daisuke F, Hirotada I, Yasufumi T, et al. High-performance HIT solar cells for thinner silicon wafers [C] //Honolulu: IEEE, 2010: 3137-3140.

[17] 电子信息产业网 . 盘点高效太阳能电池转换效率之最：晶硅电池谁称王？ [EB/OL]. 2014-07-22. https://www.cena.com.cn/semi/20140722/53891.html.

[18] 王泽杭 . 用硅石生产高纯石英粉的研究及工业应用 [J]. 国外金属矿选矿，1998 (6)：23-25.

[19] E. 拉尔森 . 太阳能电池级石英的制造工艺和原料 [J]. 国外金属矿选矿，2005 (4)：20-25.

[20] 翁巧银 . 工业硅生产中替代木炭的新型煤基还原剂的制备研究 [D]. 昆明：昆明理工大学，2007.

[21] 陈家辉 . 熔盐电解二氧化硅制备硅的研究 [D]. 昆明：昆明理工大学，2011.

[22] 王栋和，张强 . 石英和长石的浮选分离研究——无氟浮选工艺研究之一 [J]. 国外金属矿选矿，1983 (2)：30-39.

[23] 谢广元，张明旭，边炳鑫，等 . 选矿学 [M]. 北京：中国矿业大学出版社，2001.

[24] 郑水林 . 非金属矿加工与应用 [M]. 北京：化学工业出版社，2003.

[25] Tomlinson WJ, Talks M G. Erosion and corrosion of pureiorn under cavitating conditions [J]. Ultrasonics, 1991, 29 (2): 171-175.

[26] 李泽全 . TiO_2 熔盐电解制备钛及其反应机理的研究 [D]. 重庆：重庆大学，2011.

[27] 洪璐 . 石英原料中杂质的高温去除方法研究 [D]. 苏州：苏州大学，2006.

[28] 谢贞付，王毓华，于福顺 . 浮选-酸浸实现石英砂高纯化的研究 [J]. 非金属矿，2013，36 (5)：41-42.

[29] 阎勇，姜政志，朱伟长 . 石英粉提纯工艺研究 [J]. 非金属矿，2008，31 (5)：14-16.

[30] 韩京增，靳亚阑，王倩，等 . 绢云母石英片岩浮选尾砂提纯工艺研究 [J]. 云南地质，2023，42 (4)：546-549.

[31] Oleg S F. Solar Silicon [J]. Advanced Materials & Processes, 2008 (9): 39-40.

[32] K C 叶夫斯特罗比耶夫，H A 托罗波夫 . 硅化学与硅酸盐物理化学 [M]. 汪仲钧，译 . 北京：高等教育出版社，1957.

[33] Elwell D. Electrowinning of silicon from solutions of silica in alkali metal fluoride/alkaline earth fluoride eutectics [J]. Solar Energy Materials, 1981, 5 (2): 205-210.

[34] 许鸽凤 . 太阳能多晶硅的制备生产工艺研究 [J]. 中国高新科技，2023 (12)：14-16.

[35] Chen G Z, Fray D J, Farthing T W. Direct electrochemical reduction of titanium dioxide totitanium in molten calcium chloride [J]. Nature, 2000, 407 (3): 61-64.

[36] Zhu F , Zhang P , Gao G , et al. Efficient preparation of metallic titanium from lower valence titanium chloride slurry by electrochemical reduction in molten salts [J]. Journal of Environmental Chemical Engineering, 2024, 12 (3): 112983.

[37] Jin X B, Gao P, Wang D H. Electrochemical preparation of silicon and its alloys from solid oxides in molten calcium chloride [J]. Angew. Chem, 2004, 43 (6): 733-736.

[38] Liu Y K, Ma W H, Yang B, et al. Investigation of direct electrolytic reduction of solid SiO_2 to siwith high purity [J]. Acta Scientiarum Naturalium Universitatis Sunyatseni, 2007 (46): 333-334.

[39] 刘仪柯，马文会，戴永年，等．熔盐电解法直接制备太阳能级硅新工艺的探讨［J］．有色金属，2008（2）：31-33.

[40] 刘仪柯．低温熔盐电解石英光纤废料制备太阳能级硅的研究［D］．昆明：昆明理工大学，2008.

[41] Stang R，Froitzheim A，Schmidt M. Design criteria for amorphous/crystalline silicon heterojunction solar cells，-a simulation study［C］//Conference Publications of 3rd World Conference on Photovoltaic Energy Conversion. Japan：3rd World Conference on Photovoltaic Energy Conversion，2003：1005-1008.

[42] Bjelopavlić D，Pantić D，Đorđević B，et al. Simulation of hetero-junction silicon solar cells［J］. Contemporary Materials，2010，1（2）：186-194.

[43] 姚尧，肖少庆，刘晶晶，等．利用 AFORS-HET 对 P 型 HIT 太阳电池的模拟优化［J］．人工晶体学报，2016，45（4）：935-940.

[44] 林鸿生，马雷．a-Si/c-Si 异质结结构太阳能电池设计分析［J］．固体电子学研究与进展，2003，23（4）：471-475.

[45] 贾明，田忠良，赖延清，等．电解精炼制备太阳能级硅杂质行为研究［J］．物理学报，2010，59（3）：1938-1945.

[46] 栗晓，张胜涛，廖勇，等．太阳能级硅制备工艺的研究进展［J］．材料导报网刊，2009，4（3）：19-21.

[47] 王家骅，李长健，牛文成．半导体器件物理［M］．北京：科学出版社，1983.

[48] Green M. Solar Cells：Operating Principles，Technology，and System applications［M］. Engle-woodCliffs：Prentice Hall，1982.

[49] Wilfried S，Lars K，Francesco R. Physics and Technology of Amorphous-Crystalline Heterostructure Silicon Solar Cells［M］. New York：Springer，2012.

[50] 任丙彦，张燕，郭贝，等．N 型单晶硅衬底上非晶硅/单晶硅异质结太阳电池计算机模拟［J］．太阳能学报，2008，29（9）：1112-1116.

[51] Hiroyuki F，Michio K. Effects of a-Si:H layer thicknesses on the performance of a-Si:H/c-Si heterojunction solar cells［J］. J. Appl. Phys，2007，101（5）：054516.

[52] Wang L S，Chen F X. Simulation of high efficiency bifacial solar cells on n-type substrate with AFORS-HET［J］. Journal of Optoelectronics and Advanced Materials，2011，13（1）：81-88.

[53] Rahal L W，Rached D，Mahi F，et al. Simulation and Optimization of Back Surface Field for Efficient HIT Solar Cells［J］. Silicon，2021，14（6）：1-5.

[54] Norberto H，Arturo M. Hetero-junction（HIT）silicon solar cell model for AMPS-1D simulation［C］//Conference Publications. Mexico City：5th International Conference on Electrical Engineering，Computing Science and Automatic Control，2008：449-454.

[55] Rahmouni M, Datta A, Chatterjee P, et al. M. Carrier transport and sensitivity issues in heterojunction with intrinsic thin layer solar cells on N-type crystalline silicon: A computer simulation study [J]. Journal of Applied Physics, 2010: 107 (5): 1-14.

[56] Stangl R, Froitzheim A, Fuhs W. Thin film silicon emitters for crystalline silicon solar cells , epitaxial silicon, amorphous or microcrystalline? -a simulation study [C] //Conference Publications. Rome: European PV Conference, 2002: 1-4.

[57] Schüttauf J W, Komatsu Y, Geerligs L J. , et al. Emitter optimization on a-Si:H/ c-Si heterojunction solar cells for isotextured wafers [C] //Conference Publications. Valencia: The 23rd European Photovoltaic Solar Energy Conference, 2008: 1586-1589.

[58] Zhong C L, Yao R H, Geng K W. Effect of the band gap of the window layer on the properties of silicon heterojunction solar cells [C] //Conference Publications of 10th IEEE International Conference. Shanghai: 10th IEEE International Conference, 2010: 1998-2000.

[59] Norberto H, Arturo M. Simulation of hetero-junction silicon solar cells with AMPS-1D [J]. Solar Energy Materials and Solar Cells, 2010, 94 (1): 62-67.

[60] 任丙彦，王敏花，刘晓平，等．AFORS-HET 软件模拟 N 型非晶硅/P 型晶体硅异质结太阳电池 [J]. 太阳能学报，2008，29 (2)：125-129.

[61] Dao V A, Heo J, Choi H, et al. Simulation and Study of the Influence of the Buffer Intrinsic Layer, Back-Surface Field, Densities of Interface Defects, Resistivity of P-type Silicon Substrate and Transparent Conductive Oxide on Heterojunction with Intrinsic Thin-Layer (HIT) Solar Cell [J]. Solar Energy, 2010 (84): 777-783.

[62] Zhao L, Zhou C L, Li H L, et al. Role of the work function of transparent conductive oxide on the performance of amorphous/crystalline silicon heterojunction solar cells studied by computer simulation [J]. Applications and Materials Science, 2008, 205 (5): 1215-1221.

[63] Zhao L, Zhou C L, Li H L, et al. Design optimization of bifacial HIT solar cells on P-type silicon substrates by simulation [J]. Solar Energy Materials and Solar Cells, 2008, 92 (6): 673-681.

[64] Centurioni E, Iencinella D. Role of front contact work function on amorphous silicon/crystalline silicon heterojunction solar cell performance [J]. IEEE Electron Device Letters, 2003, 24 (3):177-179.

[65] 张勇，刘艳，吕斌，等．前端接触势垒高度对非晶硅和微晶硅异质结太阳电池的影响 [J]. 物理学报，2009，58 (4)：2829-2834.

[66] Yoshiyuki N, Michio K, Akihisa M. Effect of substrate surface morphology on microcrystalline silicon solar cells [J]. Jpn. J. Appl. Phys, 2001 (40): 303-305.

[67] Stangl R, Froitzheim A, Elstner L, et al. Amorphous/Crystalline silicon heterojunction solar

cells, a simulation study [C] //Conference Record. Munich: 17th European PV Conference, 2001: 567-600.

[68] Ngom O, Badiane A, Faye M, et al. Study of the effect of exciton annihilation lifetime on some kinematic and intrinsic parameters of a silicon heterojunction solar cell (HIT), illuminated by monochromatic light [J]. Physical Science International Journal, 2024, 28 (4): 102-118.

[69] Hirotada I, Yasufumi T, Daisuke F, et al. Improving the conversion efficiency and decreasing the thickness of the HIT solar cell [EB/OL]. http://journals.cambridge.org/action/display abstract? fromPage=online&aid=7971368, 2010.

[70] Hu Y H, Zhang X W, Qu M H, et al. Simulation analysis of the effects of a back surface field on a P-a-Si: H/N-c-Si/N^+-a-Si: H heterojunction solar cell [J]. Journal of Semiconductors, 2009, 30 (6): 4006.

[71] 赵雷，周春兰，李海玲. a-Si(N)/c-Si(P) 异质结太阳电池薄膜硅背场的模拟优化 [J]. 物理学报，2008, 5 (57): 3212-3215.

[72] 邸明东，周骏，孙铁囤，等. 基于 P 型晶体硅异质结太阳电池的结构设计与性能分析 [J]. 太阳能学报，2010，31 (10): 1343.

[73] 杜淑华，陈利民，廖力，等. 某低品位钾长石矿提纯工艺研究 [J]. 矿产综合利用，2013 (1): 43-46.

[74] 刘宝华，康宝林，张庆义. 辽北地区钾长石矿地质特征及开发应用方向 [J]. 四川地质学报，2010, 30 (2): 183-185.

[75] 申军. 钾长石综合利用综述 [J]. 化工矿物与加工，2000 (10): 1-3.

[76] 王渭清，潘磊，李龙涛. 钾长石资源综合利用研究现状及建议 [J]. 中国矿业，2012, 21 (10): 53-57.

[77] 程强. 河北某钾长石矿选矿工艺技术研究 [D]. 阜新：辽宁工程技术大学，2014.

[78] 汪本高. 石英砂提纯工艺及表面改性研究 [D]. 成都：成都理工大学，2013.

[79] 谈高，刘来宝，廖其龙. 利用天然脉石英制备高纯超细 SiO_2 粉体 [J]. 功能材料，2012, 43 (24): 3398-3400.

[80] 龚关，李莹，肖宇鹰，等. 超细矿物粉体粒度分布的测定 [J]. 资源环境与工程，2007, 21 (2): 65-67.

[81] 刘理根，高惠民，张凌燕. 高纯石英砂选矿工艺研究 [J]. 非金属矿，1996 (4): 39-41.

[82] 王建森，弓爱君. 用普通硅石料制备高纯石英砂 [J]. 非金属矿，1996 (1): 41-43.

[83] 杨静，田冬龙，吴忠举，等. 半导体级高纯石英砂纯化装备及工艺研究 [J]. 非金属矿，2025, 48 (1): 50-53.

[84] 谢贞付，王毓华，于福顺．浮选-酸浸实现石英砂高纯化的研究［J］．非金属矿，2013，36（5）：41-42.

[85] 豆中磊，郑水林，吴照洋，等．海南某石英砂矿的选矿提纯试验研究［J］．非金属矿，2009，32（1）：51-53.

[86] 贺承祖，华明琪．酸敏研究进展［J］．钻井液与完井液，2002，4（19）：34-36.

[87] Gdanski R D, Shuehart C E. Advanced sandstone-acidizing designs with improved radial models［J］. SPEPF，1998，13（3）：272-278.

[88] 刘鹏，童叶祥，杨绮琴．熔盐体系及有关应用的新进展［J］．电化学，2007，13（4）：351-355.

[89] 张春迎．熔盐电解法制备多晶硅的研究［J］．秦皇岛：燕山大学，2011.

[90] 李勇辉，明大增，李志祥，等．以二氧化硅为硅源制备纯硅的方法［J］．化工生产与技术，2010，17（6）：35-38.

[91] 谢江生．熔盐电解制备高纯硅及硅合金［D］．昆明：昆明理工大学，2013.

[92] 高炳亮，刘风国，王兆文．KNO_3-$NaNO_2$-$NaNO_3$ 三元熔盐体系的电导率研究［J］．东北大学学报（自然科学版），2010，31（5）：697-699.

[93] 廖勇，张胜涛，白晨光，等．熔盐电脱氧制多晶硅过程电流效率的影响因素［J］．材料导报，2009，23（8）：81-83.

[94] 陈六平，童叶翔．物理化学［M］．北京：科学出版社，2011.

[95] 梁英教，车荫昌．无机物热力学数据手册［M］．沈阳：东北大学出版社，1993.

[96] 杨德仁．太阳电池材料［M］．北京：化学工业出版社，2006.

[97] 于丽娜，黎明，安艳辉．基于 AMPS 软件的微晶硅太阳电池最佳性能预测［J］．电源技术，2017，41（6）：893-895.

[98] 苗丽艳．单结微晶硅及非晶硅微晶硅叠层太阳电池的模拟研究［D］．郑州：郑州大学，2011.

[99] 韩兵．硅基薄膜太阳电池的优化设计与模拟计算［D］．呼和浩特：内蒙古师范大学，2010.

[100] Hsiung K T, Wei L L, Wen J S, et al. The characteristics of amorphous silicon carbide hydrogen alloy［J］. J. Appl. Phys，2012，64（4）：1910-1915.

[101] 李娟，冯国林．非晶硅/非晶硅锗双结薄膜太阳能电池的模拟研究［J］．宁夏师范学院学报，2018，39（10）：46-49.

[102] Dauwe S, Schmidt J, Hezel R. Fixed charge density in silicon nitride films on crystalline silicon surfaces under illumination［C］//Conference Record. New Orleans：the 29th IEEE Photovoltaic Specialists Conference，2002：162-165.

[103] 费英，史力斌．非晶 Si1-xGex：H 薄膜太阳能电池研究［J］．原子与分子物理学报，

2012, 29 (3): 532-537.

[104] Bakr N A, Funde A M, Waman V S, et al. Determination of the optical parameters of a-Si:H thin films deposited by hot wire-chemical vapour deposition technique using transmission spectrum only [J]. Pramana-Journal of Physics, 2011, 76 (3): 519-531.

[105] 李明标，史力斌．不同吸收层结构的非晶硅/锗太阳能电池转换效率的模拟计算 [J]. 硅酸盐学报，2012，40 (7)：934-940.

[106] 胡志华，廖显伯，刁宏伟，等．非晶硅太阳电池光照 J-V 特性的 AMPS 模拟 [J]. 物理学报，2005，54 (5)：2302-2306.

[107] Lang D V, Cohen J D, Harbison J P. Measurement of the density of gap states in hydrogenated amorphous silicon by space charge spectroscopy [J]. Physical Review B, 1982, 25 (8): 5285-5320.

[108] Rhaim Z , Echouchene F , Habli S, et al. Optimization of monocrystalline silicon solar cell using Box-Behnken design and machine learning models [J]. The European Physical Journal Plus, 2024, 139 (10): 916.

[109] Rusli K C, Yoon S F, Ahn J, et al. Gap State Distribution in Amorphous Hydrogenated Silicon Carbide Films Deduced from Photothermal Deflection Spectroscopy [J]. J. Appl. Phys, 2002, 91 (7): 4319-4325.

[110] 张研研，任瑞晨，史力斌．模拟分析发射层带隙及缺陷态对 HIT 太阳电池性能的影响 [J]. 人工晶体学报，2013，42 (8)：1568-1573.

[111] Zhang Y Y, Wu T, Shi L B, et al. Analysing the influence of emission layer thickness and interface defect states on bifacial HIT solar cell [C] //Conference Publication. Jinzhou: Chinese Automation Congress, 2013: 783-788.

[112] 李书平，王仁智，蔡淑惠．金属-半导体接触势垒高度的理论计算 [J]. 固体电子学研究与进展，2003，23 (4)：412-415.

[113] Sato Y, Ashida T, Oka N, et al. Carrier density dependence of optical band gap and work function in Sn-doped In_2O_3 films [J]. Appl. Phys . Expr, 2011, 3 (6): 61101.

[114] 任瑞晨，张研研，史力斌，等．双面 HIT 太阳电池 TCO 与非晶硅界面势垒的模拟优化 [J]. 原子与分子物理学报，2013，30 (4)：659-664.

[115] Frederic D, Aurelien M, Jo R, et al. Stress-induced lift-off method for kerf-loss-free wafering of urtra-thin (~ 50μm) crystalline Si wafers [C] //Conference Publications of 22rd IEEE Photovoltaic Specialists Conference. San Diego: 22rd IEEE Photovoltaic Specialists Conference, 2008.

[116] 张苗，竺士炀，林成鲁．智能剥离——有竞争力的 SOI 制备新技术 [J]. 物理，1997，26 (3)：155-159.

[117] 任瑞晨，张研研，李彩霞，等．模拟分析少子复合速率及吸收层对 HIT 太阳电池性能的影响 [J]．原子与分子物理学报，2014（3）：488-494.

[118] Chen A Q, Shao Q Y. Simulation of high conversion efficiency and open-circuit voltages of a-Si/poly-silicon solar cell [J]. Science China (Physics, Mechanics & Astronomy), 2011, 54 (8):1466-1470.

[119] 张研研，陈祺，刘晟楠，等．非晶硅/多晶硅太阳电池吸收层厚度的设计优化 [J]．渤海大学学报（自然科学版），2013，34（9）：262-265.